Moris Veloz

Estimación de la incertidumbre de medición

Moris Veloz

Estimación de la incertidumbre de medición

Introducción con enfoque al análisis químico

Editorial Académica Española

Imprint

Cover image: www.ingimage.com

Publisher:
Editorial Académica Española
is a trademark of
Dodo Books Indian Ocean Ltd. and OmniScriptum S.R.L publishing group

120 High Road, East Finchley, London, N2 9ED, United Kingdom
Str. Armeneasca 28/1, office 1, Chisinau MD-2012, Republic of Moldova, Europe
Managing Directors: Ieva Konstantinova, Victoria Ursu
info@omniscriptum.com

Printed at: see last page
ISBN: 978-620-0-01547-1

PRÓLOGO

Este documento presenta una introducción a la estimación de la incertidumbre en mediciones, con un enfoque particular en la química analítica. A lo largo del texto se desarrollan los conceptos fundamentales y las herramientas matemáticas necesarias para abordar esta temática, destacando dos enfoques principales: el modelo de incertidumbre según la norma ISO-GUM (también conocido como enfoque de modelado o "de abajo hacia arriba") y el método de validación en laboratorio único propuesto por Nordtest (o enfoque "de arriba hacia abajo"). Además, se integran algunos criterios relevantes establecidos en la norma ISO/IEC 11352:2012.

Aunque se trata de un texto introductorio, su objetivo es proporcionar los conocimientos y habilidades básicas para estimar la incertidumbre en mediciones en la mayoría de los análisis químicos realizados en laboratorios de rutina. Entre las técnicas abordadas, se incluyen ejemplos prácticos de preparación de soluciones, calibración, espectrofotometría UV-Vis, espectroscopia de absorción atómica y cromatografía líquida acoplada a espectrometría de masas (LC-MS), entre otros. Estas técnicas han sido seleccionadas por su relevancia y frecuencia en los laboratorios analíticos, lo que hace que los ejemplos sean aplicables en situaciones reales.

Es esencial mencionar que una estimación precisa de la incertidumbre no solo requiere comprender la teoría, sino también adquirir experiencia práctica, tanto en química analítica como en el proceso de estimación de la incertidumbre. Esta experiencia se construye a través de la práctica constante en el laboratorio, donde cada análisis, calibración y ajuste contribuye a afinar el entendimiento y la habilidad del analista. Este equilibrio entre teoría y práctica es lo que permitirá a los lectores aplicar de manera efectiva los conceptos aquí presentados en sus propios entornos de trabajo.

Terminología y definiciones.

La terminología utilizada en este texto se adhiere a la tercera edición del Vocabulario internacional de metrología: conceptos básicos y generales y términos asociados (VIM) [1], denominado "VIM" durante todo el texto. Sin embargo, en aras de una mejor comprensión y para resaltar los aspectos más importantes de los conceptos, en muchos casos los conceptos se introducen mediante definiciones algo simplificadas en comparación con el VIM.

CONTENIDO

1. Introducción: El concepto de medición de la incertidumbre (MI).

La **medición** es el proceso experimental mediante el cual se determina el valor de una cantidad. En este contexto, la cantidad que deseamos medir se denomina **mensurando**. En química, el mensurando generalmente corresponde a la concentración o el contenido de una entidad química específica (como una molécula, un elemento o un ion) en una muestra u objeto. A esta entidad química que se busca identificar o cuantificar se le llama **analito**. Algunos ejemplos de mensurandos en química incluyen la concentración de plomo en una muestra de agua, el contenido de tiabendazol en una naranja o el porcentaje de grasa en una botella de leche. En estos casos, los analitos serían el plomo (elemento), el tiabendazol (molécula) y las grasas (un conjunto de diferentes moléculas), mientras que el agua, la naranja y la leche representan los **objetos de análisis** o **muestras** tomadas para análisis.

El objetivo ideal de toda medición es obtener el **valor verdadero** del mensurando. Por esta razón, se optimizan los **procedimientos analíticos**[1] para que el valor obtenido sea lo más cercano posible al valor real. Sin embargo, el resultado de cualquier medición es, en realidad, una estimación del valor verdadero, el cual casi siempre es desconocido. Esto significa que no podemos determinar exactamente qué tan cerca está nuestro valor medido del verdadero, ya que toda medición lleva asociada una **incertidumbre**.

La discrepancia entre el valor medido y el valor verdadero se conoce como **error**. Este puede ser positivo o negativo y se divide en dos componentes principales: el **error aleatorio** y el **error sistemático**, los cuales serán analizados en detalle más adelante. Es importante notar que, al igual que el valor verdadero, el error tampoco puede ser conocido con precisión, lo que limita su utilidad práctica para evaluar directamente la calidad de una medición o su proximidad al valor real.

[1] Los químicos analíticos utilizan principalmente el término "método analítico". En este texto utilizamos el término "procedimiento" en lugar de "método", ya que este uso es compatible con VIM.

La calidad de un resultado de medición, es decir, su **precisión**, se describe mediante la **incertidumbre de la medición** (o simplemente incertidumbre). Esta incertidumbre define un **intervalo** alrededor del valor medido C_{medido}, dentro del cual se encuentra el valor verdadero $C_{verdadero}$ con una probabilidad determinada.

La incertidumbre de medición, representada como $\boldsymbol{U}$, corresponde a la mitad del ancho de este intervalo y siempre es un valor NO negativo[2]. Esto implica que, aunque no conocemos el valor verdadero exacto, podemos delimitar un rango razonable en el que este se encuentra con base en los datos disponibles y las condiciones del experimento.

El siguiente esquema se ilustra lo mencionado:

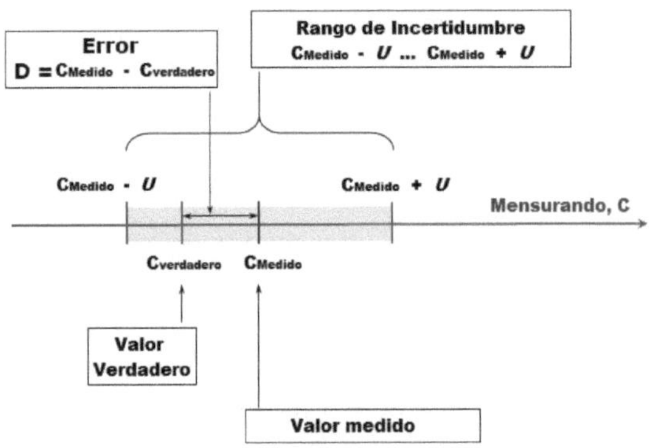

Esquema 1. Interrelaciones entre los conceptos valor verdadero, valor medido, error e incertidumbre.

La incertidumbre de la medición siempre está vinculada a una probabilidad específica. Como se discutirá más adelante, no es posible definir un intervalo de incertidumbre que garantice con absoluta certeza (100%) que el valor verdadero esté contenido dentro de dicho intervalo.

En este contexto, la incertidumbre de medición que hemos introducido se conoce como **incertidumbre absoluta**. Esto significa que se expresa utilizando las mismas unidades que el mensurando. Sin embargo, en algunos casos resulta más práctico representar la

[2] Aquí se utiliza la U mayúscula para indicar una estimación de incertidumbre genérica. El símbolo U se eligió a propósito, porque la incertidumbre expandida (generalmente denotada con U mayúscula) encaja muy bien con el uso de incertidumbre en esta sección. Sin embargo, aquí no se la llama explícitamente incertidumbre expandida, ya que este término se introducirá en capítulos posteriores.

incertidumbre en términos relativos. La **incertidumbre relativa** se define como la relación entre la incertidumbre absoluta U_{abs} y el valor medido y. Esta forma de expresar la incertidumbre facilita la comparación entre mediciones realizadas con diferentes magnitudes o unidades, como se analizará en secciones posteriores.

$$U_{rel} = \frac{U_{abs}}{y} \qquad (1.1)$$

La incertidumbre relativa es una magnitud adimensional que, en muchas ocasiones, se expresa en forma de porcentaje para facilitar su interpretación. A diferencia del error, la incertidumbre no representa una diferencia específica entre dos valores, ni tiene signo. Esto significa que **no** puede emplearse para corregir un resultado de medición ni considerarse una estimación directa del error, ya que este último siempre está asociado a un signo (positivo o negativo). En su lugar, la incertidumbre de medición debe entenderse como una estimación del mayor desvío absoluto posible entre el valor medido y el valor verdadero, dentro de un intervalo con una probabilidad definida. Con una alta probabilidad, la diferencia real entre el valor medido y el valor verdadero será menor que la incertidumbre reportada. Si los cálculos se realizan adecuadamente, la probabilidad de que esta diferencia supere la incertidumbre será baja o incluso nula. Es importante recordar que tanto el valor verdadero como el error (ya sea aleatorio o sistemático) son conceptos teóricos, ya que no pueden determinarse con exactitud. Sin embargo, su utilidad radica en que pueden ser estimados con un grado razonable de confianza, basándose en la probabilidad y los métodos analíticos. Como se mencionó anteriormente, el valor medido no es más que una estimación del valor verdadero, y la incertidumbre nos ayuda a comprender el grado de confianza que podemos depositar en dicha estimación.

2. El origen de la incertidumbre de medición.

Los resultados de las mediciones siempre están acompañados de incertidumbre debido a la existencia de diversas **fuentes** que la generan. Estas fuentes son factores o efectos que ocasionan discrepancias entre el valor medido y el valor verdadero[1]. Cuando se utiliza un procedimiento de medición bien establecido, es común que las principales fuentes de incertidumbre estén identificadas.

Es fundamental realizar esfuerzos para minimizar estas fuentes, e idealmente, eliminarlas mediante la optimización del procedimiento analítico. Sin embargo, en la práctica, nunca es posible eliminar por completo todas las fuentes de incertidumbre. Aquellas que persisten deben ser consideradas cuidadosamente durante la estimación de la incertidumbre de la medición, ya que su impacto define el grado de confianza que se puede tener en los resultados obtenidos.

Las desviaciones causadas por las fuentes de incertidumbre, en la mayoría de los casos, no pueden conocerse con exactitud. Por esta razón, solo es posible estimarlas. Si logramos estimar las magnitudes de todas las fuentes significativas de incertidumbre, podemos combinarlas para obtener una estimación global conocida como **incertidumbre combinada de la medición**. Este proceso de combinación se realiza de manera matemática, y en las secciones siguientes se explicará detalladamente cómo llevarlo a cabo. Al repetir mediciones de un mismo mensurando, lo ideal sería que todas las mediciones arrojaran exactamente el mismo valor, y que este coincidiera con el valor verdadero. En la práctica, los resultados de mediciones repetidas casi siempre presentan variaciones, y el promedio de esos resultados también suele diferir ligeramente del valor verdadero. Estas discrepancias se deben a las distintas fuentes de incertidumbre que afectan al proceso de medición.

[1] Estas fuentes también provocan la existencia de errores y, por lo tanto, también podrían denominarse fuentes de errores.

De manera simplificada, las fuentes de incertidumbre pueden clasificarse en dos categorías principales: **efectos aleatorios** y **efectos sistemáticos**[2]. El esquema típico para ilustrar estas categorías muestra los valores verdaderos representados por círculos verdes y los valores medidos por círculos amarillos de la siguiente forma:

Situación	Efectos Aleatorios	Efectos Sistem.	Incertidumbre
1.	Fuerte	Fuerte	Alta
2.	Fuerte	Débil (o ausente)	Media
3.	Débil	Fuerte	Media
4.	Débil	Débil (o ausente)	Baja

Esquema 2. La influencia de los efectos aleatorios y sistemáticos sobre la incertidumbre de la medición.

Los efectos aleatorios son los responsables de las variaciones entre los resultados de mediciones repetidas, lo que también genera una discrepancia con el valor verdadero. Sin embargo, cuando se realiza un número considerable de mediciones repetidas, el valor promedio resultante se ve menos afectado por estos efectos aleatorios (como se muestra en la situación 2 del esquema). Por lo tanto, la influencia de los efectos aleatorios puede reducirse aumentando el número de repeticiones de las mediciones.

Por otro lado, los efectos sistemáticos hacen que todas las mediciones en una serie se desvíen de manera constante en la misma dirección y con la misma magnitud[3] (situación 3 del esquema). A diferencia de los efectos aleatorios, incrementar el número de repeticiones no disminuye su influencia.

En principio, lo ideal sería identificar la magnitud y la dirección de los efectos sistemáticos y corregir los resultados de las mediciones para compensar dichos efectos. No obstante, esto puede ser tan complejo y laborioso que resulta poco práctico. Por

[2] En principio, no es incorrecto llamarlas fuentes aleatorias y sistemáticas de incertidumbre, pero esto no suele hacerse. Esto se debe en gran medida a que, como veremos en un próximo capítulo, el concepto de incertidumbre en la medición enfatiza que los efectos aleatorios y sistemáticos deben tratarse de la misma manera.

[3] Es más correcto decir "por una magnitud predecible". Esto significa que la magnitud no es necesariamente siempre la misma; puede variar, p. ej. como la magnitud del valor mensurando varía, se puede predecir, es decir, no es aleatorio.

esta razón, en muchos casos, en lugar de corregir los efectos sistemáticos, se opta por estimar sus posibles magnitudes y considerarlos como fuentes de incertidumbre. Los capítulos 5.4 y 6 abordarán con mayor detalle tanto los efectos aleatorios como los sistemáticos.

Ejemplo: Fuentes de incertidumbre en medición volumétrica.

Para ilustrar el concepto, un tipo de medición muy común es la medición volumétrica, que implica la toma de volúmenes de líquidos. En este tipo de medición, realizada con instrumentos como pipetas, buretas, probetas graduadas, matraces volumétricos, entre otros, existen cuatro fuentes principales de incertidumbre. A continuación, se detallan estas fuentes:

- Incertidumbre debida a la **repetibilidad no ideal** de la medición (también conocida como **incertidumbre de repetibilidad**): Esto significa que, por más que se intente llenar y vaciar la pipeta con cuidado, siempre se obtendrá un volumen ligeramente diferente en cada medición. Este fenómeno, a veces denominado "efecto humano" o "factor humano", no es exclusivo de los seres humanos; incluso si una máquina pipeteara, seguirían existiendo pequeñas variaciones entre los volúmenes (aunque probablemente menores). La repetibilidad es un efecto aleatorio típico que contribuye a la incertidumbre en la medición, tanto en pipetas de vidrio como automáticas. Aunque su influencia puede reducirse al realizar mediciones repetidas, nunca podrá eliminarse por completo.

- Incertidumbre debida a la calibración del equipo volumétrico (también conocida como **incertidumbre de calibración**): En el caso de la cristalería volumétrica, esta incertidumbre está relacionada con la precisión de las marcas de graduación o aforo en los instrumentos. En las pipetas automáticas, la incertidumbre se origina por el desplazamiento del émbolo, que puede ser sistemáticamente demasiado alto o bajo. Esta es una fuente típica de incertidumbre sistemática. La incertidumbre debida a la calibración se puede reducir considerablemente al ajustar la pipeta en el laboratorio por la persona que la utiliza de manera continua.

Además, el pesaje preciso del agua a temperatura controlada es el método fundamental para calibrar los instrumentos volumétricos y también la forma en que normalmente se determina la incertidumbre de repetibilidad en diferentes tipos de cristalería volumétrica. Este ajuste y calibración adecuados son esenciales para mejorar la precisión de las mediciones y minimizar los efectos de la incertidumbre sistemática.

- Incertidumbre debida al efecto de la temperatura (también conocida como **incertidumbre de temperatura**): Los instrumentos volumétricos suelen estar calibrados a $20°C$, y los volúmenes medidos se refieren a volúmenes a esa temperatura. La densidad de los líquidos varía con la temperatura, generalmente disminuyendo a medida que la temperatura aumenta. Si el pipeteo se realiza a una temperatura superior a $20°C$, la cantidad de líquido (en términos de masa o número de moléculas) pipeteado será menor que si se realizara a $20°C$. Como resultado, el volumen de ese líquido también será inferior al que se obtendría a $20°C$. En el caso de la cristalería volumétrica, la temperatura afecta las dimensiones del equipo (su volumen aumenta con la temperatura). Sin embargo, el efecto de la variación en la densidad del líquido es aproximadamente 10 veces más fuerte, por lo que este suele ser el factor principal que incide en el cambio de volumen de los instrumentos volumétricos. En las pipetas automáticas, el efecto de la temperatura es más complejo. Si el aire dentro de la pipeta se calienta, el volumen de líquido administrado puede variar ligeramente. Además, si la temperatura del laboratorio y, especialmente, la temperatura del líquido pipeteado se mantiene constante durante mediciones repetidas, el efecto de la temperatura se convierte en un efecto sistemático. Este tipo de variabilidad puede corregirse ajustando las condiciones de temperatura o tomando las mediciones de manera más controlada.

- Fuentes de incertidumbre específicas de la aplicación: Estas fuentes de incertidumbre no están relacionadas directamente con el equipo volumétrico, sino con las características del líquido que se maneja o con el sistema que se está investigando. Algunos ejemplos incluyen:

a. Soluciones espumosas: Cuando se pipetea una solución que genera espuma y se mide con un matraz aforado o una probeta graduada, puede ser difícil determinar con precisión dónde "termina" la solución, es decir, no hay un menisco claramente definido. Esto introduce una incertidumbre adicional. Dependiendo de la situación, este efecto puede ser aleatorio, sistemático, o incluir ambos componentes.
b. Titulación con indicador visual: Durante una titulación con un indicador visual, se supone que el punto final, el momento en que el indicador cambia de color, coincide con el punto de equivalencia (el punto estequiométrico de la reacción). Sin embargo, en función de la reacción de titulación y el analito específico que se titula, el punto final puede ocurrir antes o después del punto de equivalencia. Este es un efecto sistemático. Para minimizar este tipo de incertidumbre, se puede utilizar un método alternativo de detección del punto final, como la valoración potenciométrica, que proporciona una medición más precisa y objetiva[4].

Existen otras fuentes de incertidumbre que, generalmente, son menos significativas porque pueden minimizarse o eliminarse mediante buenas prácticas de laboratorio. Sin embargo, si no se aplican correctamente, estas pueden convertirse en fuentes importantes de incertidumbre. Los efectos resultantes suelen influir principalmente en la repetibilidad del pipeteo o en la incertidumbre de calibración, y pueden ser considerados dentro de esas fuentes de incertidumbre.

- Pipeteo incorrecto: Si la pipeta no se mantiene vertical (tanto en las pipetas de vidrio como automáticas) o si no se espera lo suficiente después de finalizar el drenaje de la solución (en el caso de las pipetas de vidrio), el volumen pipeteado será menor al obtenido en condiciones de pipeteo correctas. En el caso de las

[4] De hecho, incluso si el punto final se determina potenciométricamente, aún puede tener alguna desviación sistemática con respecto al punto de equivalencia. Sin embargo, este efecto suele ser tan pequeño que puede despreciarse.

pipetas automáticas, no es necesario esperar, ya que no debe quedar ninguna película líquida entre la pipeta y las paredes internas.

- Residuos en la pipeta: En las pipetas de vidrio, siempre existe la posibilidad de que queden pequeños residuos de la solución anterior. Para evitarlo, es recomendable enjuagar la pipeta con la solución que se va a pipetear (al menos dos veces), descartando la solución de enjuague correctamente (nunca en el recipiente del cual se extrae la muestra). En las pipetas automáticas, es recomendable usar una punta nueva para cada medición, ya que la contaminación en este caso es generalmente insignificante. Además, si se utiliza la misma pipeta varias veces para la misma solución, es importante verificar que no haya gotas en las paredes internas y reemplazar la punta si es necesario.

- Pipeta sucia: Si las paredes de una pipeta de vidrio no están completamente limpias, pueden quedar gotas en las paredes después de drenar la solución, lo que lleva a una medición inexacta. La solución es limpiar la pipeta adecuadamente antes de usarla.

- Líquidos viscosos o no acuosos: Si el líquido pipeteado es muy diferente al agua, como líquidos de alta viscosidad (por ejemplo, aceite vegetal), el volumen pipeteado puede diferir sistemáticamente del volumen nominal de la pipeta. Este efecto ocurre tanto en pipetas de vidrio como automáticas. En este caso, la pipeta debe ser recalibrada utilizando el líquido específico o, alternativamente, se puede recurrir al pesaje en lugar de la volumetría para obtener una medición más precisa[5].

[5] En el caso de las pipetas automáticas, también se puede utilizar el pipeteo inverso en lugar del más común pipeteo directo, con el fin de reducir la incertidumbre al pipetear líquidos viscosos.

3. Conceptos y herramientas básicas.

3.1. La distribución Normal.

Todas las cantidades medidas (o mensurandos) son, desde la perspectiva de la estadística matemática, cantidades aleatorias, lo que significa que pueden variar y tener diferentes valores. Este concepto se ilustró en el capítulo anterior mediante el ejemplo del pipeteo. Si se repite el proceso de pipeteo varias veces utilizando la misma pipeta, que tiene un volumen nominal de $10\ mL$, los volúmenes obtenidos en cada medición serán muy cercanos a los $10\ mL$, pero, aun así, cada uno será ligeramente diferente. Este comportamiento refleja la naturaleza aleatoria de las mediciones, donde las pequeñas variaciones siempre están presentes.

Si se realizan suficientes mediciones repetidas y se trazan los volúmenes pipeteados[1] según la frecuencia con la que ocurren, se observa que, aunque los valores sean aleatorios, siguen una relación subyacente entre el volumen y su frecuencia. En este caso, la probabilidad máxima de obtener un volumen se ubicaría en el intervalo entre 10.005 y $10.007\ mL$, y esta probabilidad disminuiría gradualmente a medida que los volúmenes se alejan de este rango. Esta relación entre los valores medidos y su frecuencia se conoce como **función de distribución**, siendo el término más preciso ***función de densidad de probabilidad***. Esta función describe la probabilidad de que una medición aleatoria caiga dentro de un rango específico de valores.

Los matemáticos han identificado diversas funciones de distribución, muchas de las cuales se encuentran en procesos naturales. En el ámbito de la medición, la función de distribución más relevante es la **distribución normal**, también conocida como

[1] Es válido preguntar: ¿cómo sabemos los volúmenes individuales pipeteados si la pipeta siempre nos "dice" que el volumen es de $10\ mL$? De hecho, si solo tenemos la pipeta y no tenemos otra posibilidad de medición del volumen (más precisa), entonces no podemos saber en qué medida difieren los volúmenes entre sí o del volumen nominal. Sin embargo, si se dispone de un método más preciso, esto es posible. En el caso del pipeteo, un método muy adecuado y más preciso que se utiliza a menudo es el pesaje. Es posible encontrar el volumen de agua pipeteada, pesando la solución pipeteada (generalmente agua) y dividiendo la masa obtenida por la densidad del agua a la temperatura del agua. Se utiliza agua en tales experimentos porque las densidades del agua a diferentes temperaturas se conocen con mucha precisión.

distribución gaussiana. Su importancia se debe al **teorema del límite central**, el cual, en términos simples para las mediciones, puede expresarse de la siguiente manera:

> *"Si el resultado de una medición está influenciado por muchas fuentes de incertidumbre al mismo tiempo, y si el número de estas fuentes se acerca al infinito, la función de distribución del resultado de la medición tiende a ser una distribución normal."*

Independientemente de la naturaleza exacta de las funciones de distribución y los factores que describen las fuentes de incertidumbre, en la práctica, la función de distribución del resultado tiende a aproximarse a la distribución normal de manera casi indistinguible cuando hay entre 3 y 5 fuentes de incertidumbre que contribuyen de forma significativa al resultado[2].

Esto explica por qué, en muchos casos, las cantidades medidas siguen una distribución normal. Además, es la razón por la cual gran parte de las bases matemáticas en la ciencia de la medición y la estimación de la incertidumbre de la medición se fundamentan en la distribución normal, que proporciona un modelo simplificado y robusto para describir cómo se distribuyen los resultados de las mediciones cuando intervienen varias fuentes de error.

---

[2] Las fuentes de incertidumbre que contribuyen significativamente son aquellas cuya influencia afecta al resultado de forma importante. Ya hemos visto cualitativamente en la sección 2 que diferentes fuentes de incertidumbre tienen diferente "importancia".

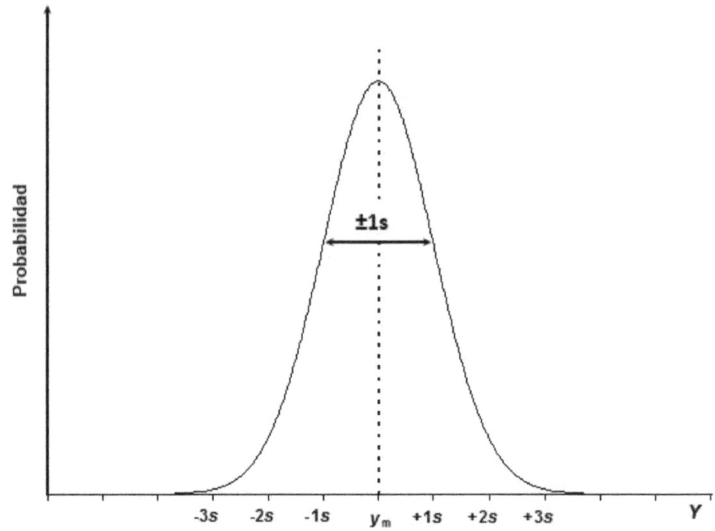

Esquema 3. La curva de distribución normal de la cantidad Y con valor medio y_m y desviación estándar s.

La curva de distribución normal tiene forma de campana (esquema 3) y se expresa mediante la ecuación 3.1:

$$f(y) = \frac{1}{s\sqrt{2\pi}} e^{-\frac{(y-y_m)^2}{2s^2}} \quad (3.1)$$

En esta ecuación, $f(y)$ es la probabilidad (o más exactamente, densidad de probabilidad) de que el mensurando Y tenga el valor y.

- y_m: corresponde al valor **medio** de la **población** que caracteriza la posición de la distribución normal en el eje Y.
- s: corresponde a la **desviación estándar** de la población que caracteriza el ancho (extensión) de la función de distribución, que está determinada por la dispersión de los puntos de datos.

La media y la desviación estándar son los dos parámetros que determinan completamente la forma de la curva de distribución normal de una cantidad aleatoria particular.

- $\sqrt{2\pi}$: son factores de normalización, que están presentes para hacer que el área total bajo la curva sea igual a 1.

La palabra "población" aquí significa que necesitaríamos hacer un número infinito de mediciones para obtener los valores verdaderos de y_m y s. En realidad, siempre operamos con un número limitado de mediciones, de modo que el valor medio y la desviación estándar que tenemos de nuestros experimentos son, de hecho, **estimaciones** de la media y la desviación estándar verdaderas. Cuanto mayor sea el número de mediciones repetidas, más fiables serán las estimaciones. Por lo tanto, el número de mediciones paralelas es muy importante y volveremos a él en otras partes del texto.

La distribución normal y la desviación estándar son la base para la definición de **incertidumbre estándar**. La incertidumbre estándar, denotada por $\boldsymbol{u}$, es la incertidumbre expresada al nivel de desviación estándar, es decir, incertidumbre con aproximadamente 68.3% de probabilidad de cobertura (en otras palabras, la probabilidad de que el valor verdadero caiga dentro del rango de incertidumbre es aproximadamente 68.3%).

La probabilidad del 68.3% suele ser demasiado baja para aplicaciones prácticas. Por lo tanto, la incertidumbre de los resultados de la medición en la mayoría de los casos no se informa como incertidumbre estándar sino como **incertidumbre expandida**. La incertidumbre expandida, denotada por $\boldsymbol{U}$, se obtiene multiplicando la incertidumbre estándar por un **factor de cobertura**[3] de valor $\boldsymbol{k}$, el cual es un número positivo mayor que 1. Si el factor de cobertura es, por ejemplo, 2 (que es el valor más comúnmente utilizado para el factor de cobertura), entonces, en el caso de un resultado de medición distribuido normalmente, la probabilidad de cobertura es aproximadamente del 95.5%. Estas probabilidades pueden considerarse como fracciones de áreas de los segmentos respectivos del área total bajo la curva, como se ilustra en el siguiente esquema:

[3] Esta definición de incertidumbre expandida es muy simplificada. Una definición más rigurosa pasa por la incertidumbre estándar combinada y se presenta en la sección 4.4.

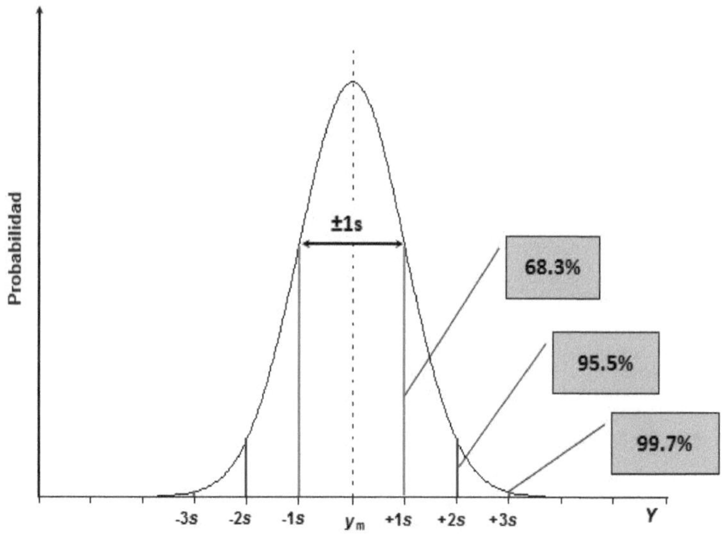

Esquema 4. La misma curva de distribución normal que en el Esquema 3 con segmentos de 2s y3s indicados.

Dado que la función exponencial nunca va a devolver un valor de cero, el valor de $f(y)$ (ecuación 3.1) es mayor que cero con cualquier valor de y. Ésta es la razón por la que la incertidumbre con una cobertura del 100% nunca es posible.

3.2. Media, desviación estándar e incertidumbre estándar.

Uno de los enfoques más comunes para mejorar la confiabilidad de las mediciones es realizar mediciones repetidas de la misma cantidad. En tal caso, muy a menudo el resultado de la medición se presenta como el valor medio de las mediciones repetidas; p. ej. al pipetear n veces con los mismos volúmenes de pipeta $V_1, V_2, \ldots, V_n$ se obtiene el valor medio V_m calculado como sigue:

$$V_m = \frac{V_1 + V_2 + \cdots + V_n}{n} = \frac{\sum_{i=1}^{n} V_i}{n} \qquad (3.2)$$

Como se explicó en la sección 3.1, el valor medio calculado de esta manera es una estimación del valor medio verdadero (que podría obtenerse si fuera posible realizar un número infinito de mediciones).

La dispersión de los valores obtenidos de mediciones repetidas se caracteriza por la **desviación estándar** de los volúmenes pipeteados que, para el mismo caso de pipeteo, se calcula como sigue:

$$s(V_m) = \sqrt{\frac{\sum_{i=1}^{n}(V_i - V_m)^2}{n-1}} \quad (3.3)$$

El valor $n-1$ en el denominador a menudo se denomina **número de grados de libertad**. Veremos más adelante que esta es una característica importante de un conjunto de mediciones repetidas. Cuanto más alto sea, más confiables serán la media y la desviación estándar del conjunto.

Dos interpretaciones importantes de la desviación estándar:

a) Si se han encontrado V_m y $s(V)$ a partir de un número suficientemente grande de mediciones (generalmente 10-15 es suficiente), entonces la probabilidad de que cada medición siguiente (realizada en las mismas condiciones) se encuentre dentro del rango $V_m \pm s(V)$ es aproximadamente el 68.3%.

b) Si se realizan repetidas mediciones en las mismas condiciones, entonces la desviación estándar de los valores obtenidos caracteriza la incertidumbre debida a la repetibilidad no ideal (a menudo llamada incertidumbre estándar de repetibilidad) de la medición: $u(V, Rep) = s(V)$. La repetibilidad no ideal es una de las fuentes de incertidumbre presente en todas las mediciones[4].

La desviación estándar es la base para definir la **incertidumbre estándar** (incertidumbre en el nivel de desviación estándar, denotada por u). Hay que destacar tres aspectos importantes de la incertidumbre estándar:

a) La desviación estándar también se puede calcular para cantidades que no se distribuyen normalmente. Esto permite obtener estimaciones de incertidumbre estándar.

[4] Más adelante veremos que la desviación estándar de las mediciones repetidas en condiciones que cambian de manera predefinida (es decir, no es repetibilidad) también es extremadamente útil en el cálculo de la incertidumbre, ya que permite tener en cuenta varias fuentes de incertidumbre simultáneamente.

b) Además, las fuentes de incertidumbre que son sistemáticas por su naturaleza y que no pueden evaluarse mediante mediciones repetidas, también pueden expresarse numéricamente como estimaciones de incertidumbre estándar.

c) Convertir diferentes tipos de estimaciones de incertidumbre a incertidumbre estándar es muy importante porque, todos los cálculos en la evaluación de la incertidumbre, se llevan a cabo utilizando incertidumbres estándar.

La incertidumbre estándar de una cantidad (en este caso el volumen V) expresada en las unidades de volumen a veces se denomina **incertidumbre estándar absoluta**. La incertidumbre estándar de una cantidad dividida por el valor de esa cantidad se llama **incertidumbre estándar relativa** u_{rel} (de manera similar a la ecuación 1.1).

$$u_{rel}(V) = \frac{u(V)}{V} \qquad (3.4)$$

3.3. Estimaciones de incertidumbre tipo A y B.

La estimación de la incertidumbre de medición implica evaluar las fuentes de variación en un proceso analítico. Una de las prácticas más comunes consiste en realizar múltiples mediciones y calcular la desviación estándar de los resultados obtenidos. Este procedimiento es fundamental, ya que proporciona información cuantitativa clave sobre la variabilidad asociada con las mediciones. En términos generales, existen dos tipos principales de incertidumbre según el método empleado para su determinación: tipo A y tipo B, descritos a continuación.

3.3.1. Estimaciones de tipo A.

Las estimaciones de **tipo A** se obtienen mediante análisis estadístico de los resultados de mediciones repetidas. Por ejemplo, la desviación estándar calculada a partir de un conjunto de mediciones, o la desviación estándar de la media (ver sección 3.4), se consideran estimaciones de incertidumbre estándar de tipo A. Este enfoque es ampliamente utilizado en contextos donde es posible recopilar datos experimentales suficientes para realizar un análisis estadístico riguroso.

Toda evaluación de incertidumbre que utilice métodos estadísticos pertenece a esta categoría. Además, este enfoque permite calcular los grados de libertad efectivos asociados con cada componente de incertidumbre, lo que resulta fundamental para aplicar factores de cobertura adecuados (ver sección 9.2.8). Este método se caracteriza por su objetividad, ya que se basa en datos experimentales directos y proporciona una representación cuantitativa de la variabilidad inherente al proceso.

3.3.2. Estimaciones de tipo B.

Las estimaciones de **tipo B**, por el contrario, se derivan de información que no requiere un análisis estadístico de mediciones repetidas. Estas estimaciones se basan en fuentes externas y criterios cualitativos, como certificados de materiales de referencia, especificaciones proporcionadas por fabricantes, manuales de instrumentos o conocimientos adquiridos a partir de la experiencia a largo plazo en el uso de equipos y procedimientos.

Aunque las incertidumbres tipo B no se calculan a partir de mediciones directas, su integración en el análisis de incertidumbre es esencial. Por ejemplo, las especificaciones de un instrumento pueden proporcionar límites máximos de error, que se transforman en una estimación razonable de la incertidumbre estándar cuando se supone una distribución estadística (como uniforme o normal). Este enfoque es especialmente útil cuando no es viable realizar un número suficiente de mediciones repetidas o cuando las características de las fuentes de incertidumbre no permiten una evaluación directa mediante análisis estadístico.

3.4. Desviación estándar de la media.

La desviación estándar, $s(V)$, calculada mediante la fórmula 3.3, refleja la dispersión asociada a un único resultado de pipeteo, es decir, mide la variabilidad intrínseca de cada valor individual en el contexto del proceso de medición. Sin embargo, en muchas aplicaciones analíticas, el interés radica en el valor medio obtenido a partir de un conjunto de mediciones individuales. Este valor medio, al igual que los resultados individuales, se comporta como una cantidad aleatoria, ya que depende de las fluctuaciones inherentes al proceso de medición. Por lo tanto, también es posible asociar una medida de incertidumbre a este promedio: la **desviación estándar de la media**, denotada como $s(V_m)$.

La $s(V_m)$ describe la dispersión esperada de los valores medios si se realizaran múltiples series independientes de mediciones, cada una generando su propio promedio. Un enfoque riguroso para determinar esta desviación estándar sería realizar un gran número de series de mediciones repetidas, calcular la media de cada una y luego determinar la desviación estándar de las medias resultantes. Este método, aunque conceptualmente sólido, es poco práctico debido al tiempo y los recursos que requeriría, especialmente en laboratorios donde las tareas de rutina son prioridad.

Afortunadamente, un principio fundamental de la estadística permite simplificar este cálculo de manera eficiente. Existe una relación matemática directa entre la desviación estándar de los valores individuales, $s(V)$, y la desviación estándar de la media, $s(V_m)$. Esta relación se basa en el tamaño de la muestra, n, y se expresa como:

$$s(V_m) = \frac{s(V)}{\sqrt{n}} \qquad (3.5)$$

Esta fórmula permite estimar $s(V_m)$ de manera precisa utilizando únicamente la desviación estándar de los valores individuales y el número de mediciones repetidas realizadas, sin necesidad de realizar múltiples series de experimentos. De este modo, es posible calcular de manera eficiente la incertidumbre asociada al promedio, lo cual es de gran utilidad en los procedimientos analíticos cotidianos.

Cabe mencionar que, para que la desviación estándar de la media sea una estimación confiable, se debe contar con mínimo 6 repeticiones (mientras más es mejor).

En resumen, para un conjunto de valores de pipeteo repetidos, se distinguen dos medidas clave de dispersión: la **desviación estándar del valor individual** ($s(V)$), que caracteriza la variabilidad en mediciones puntuales, y la **desviación estándar de la media** ($s(V_m)$), que describe la incertidumbre asociada al promedio calculado. Estas herramientas permiten al químico analítico evaluar y comunicar de manera efectiva la calidad y confiabilidad de sus resultados.

3.4.1. ¿Cuándo utilizamos uno y cuándo el otro?

La regla general es la siguiente: cuando el valor medido informado o utilizado en cálculos posteriores es un valor único, entonces utilizamos la desviación estándar del valor único; cuando es el valor medio entonces usamos la desviación estándar de la media.

Ilustremos esto con dos ejemplos:

a) **Pipeteo:** Cuando entregamos un determinado volumen con una pipeta, el pipeteo es una operación única; no podemos repetir el pipeteo con la misma cantidad de líquido. Por lo tanto, utilizamos la desviación estándar del pipeteo único como incertidumbre de repetibilidad del pipeteo.

b) **Peso:** Cuando pesamos una cierta cantidad de un material, podemos pesarlo repetidamente. Entonces, si necesitamos minimizar la influencia de la repetibilidad del pesaje en nuestra medición, se puede pesar el material repetidamente y utilizar en nuestros cálculos la masa promedio. En este caso, la desviación estándar de repetibilidad de esta masa media es la desviación estándar de la media. Si, por el contrario, no es muy importante tener la incertidumbre de repetibilidad del pesaje lo más baja posible, entonces pesamos solo una vez y usamos el valor de masa del pesaje único y como incertidumbre de repetibilidad usaremos la desviación estándar de un solo valor[5].

En el caso de un solo pipeteo o un solo pesaje, la incertidumbre de repetibilidad, por supuesto, no se puede estimar a partir de esta única operación. En estos casos, la repetibilidad se determina por separado y luego se utiliza para las mediciones concretas.

[5] Como veremos más adelante, las balanzas modernas son instrumentos muy precisos y la incertidumbre debida al pesaje rara vez se encuentra entre las fuentes importantes de incertidumbre. Por lo tanto, a menos que algunos efectos perturbadores interfieran con el pesaje, generalmente no es necesario pesar materiales con muchas repeticiones.

3.5. Distribución rectangular y triangular.

A menudo, a falta de información sobre la función de distribución $f(y)$, por lo general, se supone o postula alguna función de distribución en particular. Las distribuciones rectangulares y triangulares se encuentran entre las funciones de distribución postuladas más comunes.

3.5.1. Distribución rectangular.

En cuanto a la **distribución rectangular**, normalmente se utiliza en casos de resolución o redondeo de la indicación de algún equipo digital o analógico. En este caso, la incertidumbre estándar se obtiene dividiendo la incertidumbre para raíz de tres.

En forma general, esta distribución se usa, sin limitarse, en dos casos:

a) Un certificado o alguna especificación da unos límites sin especificar el nivel de confianza (por ejemplo, $25\ mL\ \pm 0.05\ mL$).

b) Se ha hecho una estimación en forma de un rango máximo ($\pm a$) sin conocimiento de la forma de la distribución.

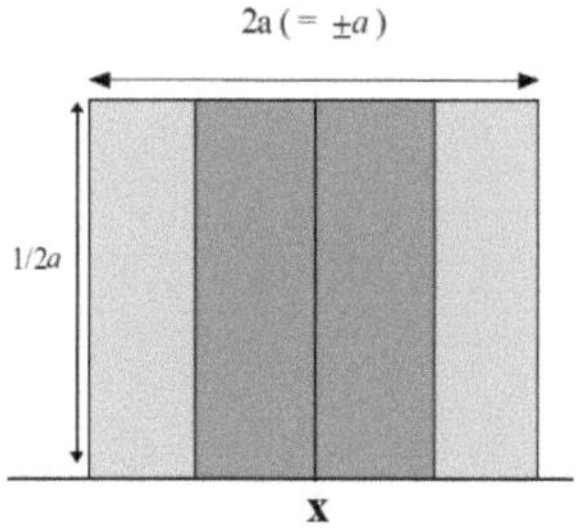

$$u(x) = \frac{a}{\sqrt{3}} \quad (3.6)$$

Esquema 5. Distribución rectangular e incertidumbre estándar.

3.5.2. Distribución triangular.

La **distribución triangular** se encuentra la mayor parte de mediciones de material volumétrico de volumen fijo, como pipetas volumétricas, balones aforados, etc., donde la incertidumbre estándar se consigue dividiendo la incertidumbre para raíz de seis.

En forma general, esta distribución se usa, sin limitarse, en dos casos:

a) La información disponible referida a x está más delimitada que en una distribución rectangular. Los valores cercanos a x son más probables que los próximos a los límites.

b) Se ha hecho una estimación en forma de un rango máximo ($\pm a$) descrito por una distribución simétrica.

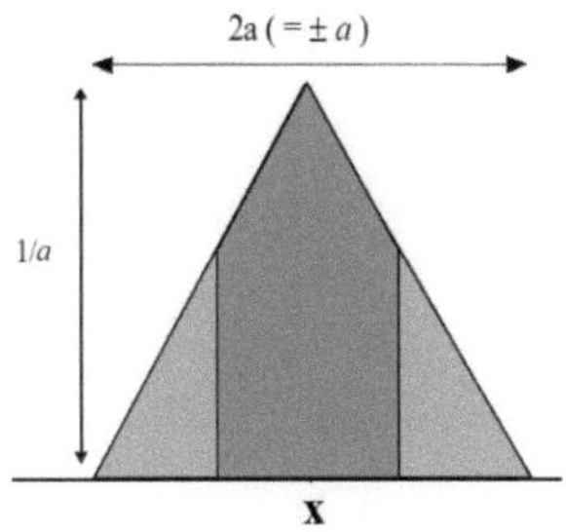

$$u(x) = \frac{a}{\sqrt{6}} \quad (3.7)$$

Esquema 6. Distribución rectangular e incertidumbre estándar.

En la estimación de la incertidumbre de la medición, a menudo ocurren situaciones en las que es necesario elegir entre dos alternativas, una de las cuales puede llevar posiblemente a una incertidumbre algo sobreestimada y la otra a una incertidumbre algo subestimada. En tal situación, suele ser razonable sobreestimar la incertidumbre en lugar de subestimarla.

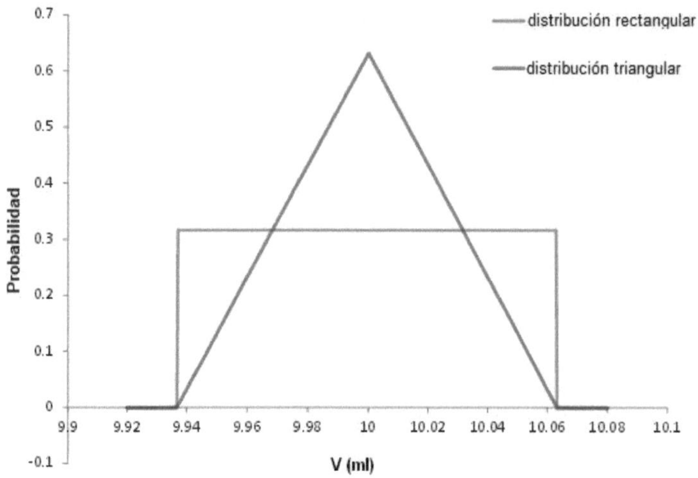

Esquema 7. Distribuciones rectangulares y triangulares. Ambos corresponden a la situación ($10{,}000 \pm 0{,}063$*) mL.*

Como se observó en el esquema anterior, la incertidumbre $\pm\, 0{,}063\, ml$ se puede representar en diferentes distribuciones, sin embargo, la incertidumbre estándar calculada para cada distribución es diferente. La incertidumbre estándar en el caso de la distribución triangular es menor a la incertidumbre estándar para la distribución rectangular. Por tanto, se debe tener cuidado en el momento de seleccionar la distribución para la determinación de la incertidumbre estándar.

3.6. La distribución de Student.

Si se repite una medición y la media se calcula a partir de los resultados de las mediciones individuales, entonces, al igual que los resultados individuales, su media también será una cantidad aleatoria. Si los resultados individuales se distribuyen normalmente, entonces su media se distribuye según la distribución de Student (también conocida como distribución t). La distribución de Student se presenta en el siguiente esquema.

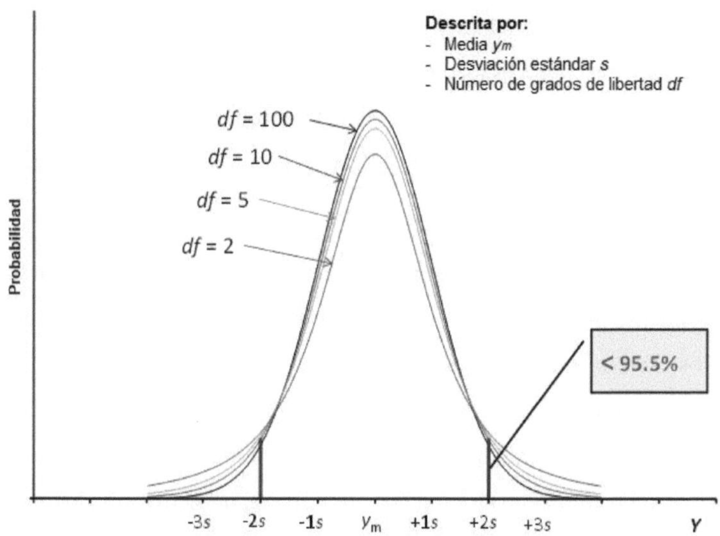

Esquema 8. Distribución de Student a diferentes grados de libertad.

De manera similar a la distribución normal, la distribución de Student también tiene un valor medio y_m y una desviación estándar s. Además, y_m es el valor medio en sí mismo[6], y la desviación estándar es la desviación estándar de la media, calculada como se explica en la sección 3.4. Pero, a diferencia de la distribución normal existe además una tercera característica: el número de grados de libertad gl (df en la figura). Este número es igual al número de mediciones repetidas menos una unidad, por ello, las

[6] Puede parecer extraño a primera vista que, si bien el valor medio y_m es el único valor medio que tenemos, lo tomamos inmediatamente como el valor medio de la distribución de valores medios. Sin embargo, si tuviéramos más valores medios, los agruparíamos de todos modos en un único valor medio (¡con un gl mucho más alto!) y usaríamos ese valor.

cuatro gráficas de distribución de Student del esquema 8 corresponden a: 101, 11, 6 y 3 mediciones repetidas, respectivamente.

Si gl tiende a infinito, entonces la distribución t se acerca a la distribución normal. En realidad, entre 30 y 50 grados de libertad son suficientes para manejar la distribución t como una distribución normal. Entonces, la curva con $gl = 100$ en el esquema 8 puede considerarse como la curva de distribución normal.

Cuanto menor es el número de grados de libertad, más "pesadas" son las colas de la curva de distribución de Student y es más diferente de la distribución normal. Esto significa que hay más probabilidad en las colas de la curva de distribución y menos en la parte media. Es importante destacar que las probabilidades representadas en el esquema 4 para los rangos de $\pm 1s$, $\pm 2s$ y $\pm 3s$ alrededor de la media ya no se mantienen, pero son todas más bajas.

Por lo tanto, si el resultado de una medición se distribuye según la distribución t y si se desea una incertidumbre ampliada con una probabilidad de cobertura predefinida, en lugar de los factores de cobertura habituales 2 y 3 se deben utilizar los respectivos **coeficientes de Student**[7]. El resultado de la medición se puede distribuir según la distribución de Student si existe una fuente de incertidumbre de tipo A muy dominante[8] que se ha evaluado como un valor medio a partir de un número limitado de mediciones repetidas. Sin embargo, es más común la situación en la que existe una fuente de incertidumbre de tipo A influyente, pero no muy dominante. En tal caso, la distribución del resultado de la medición es una convolución[9] de la distribución normal y la distribución t. Este caso se ejemplifica más adelante en la sección 9.2.

---

[7] Los coeficientes de Student (es decir, valores de distribución t) para un conjunto dado de probabilidad de cobertura y número de grados de libertad se pueden obtener fácilmente de tablas especiales en manuales de estadística (¡use valores bilaterales!), software de cálculo o tratamiento de datos, como MS Excel o desde Internet, p.ej. desde la dirección https://en.wikipedia.org/wiki/Student_distribution

[8] Las contribuciones de diferentes fuentes de incertidumbre se pueden expresar numéricamente. Esto se explica en la sección 9.9 y los cálculos respectivos se muestran en 9.7. En este contexto, la frase "muy dominante" significa que la contribución (índice de incertidumbre) de la respectiva cantidad de entrada es superior al 75%.

[9] La convolución de dos funciones de distribución en estadística matemática significa una función de distribución combinada, que tiene una forma entre las dos funciones de distribución que están convolucionadas.

4. La primera cuantificación de la incertidumbre: Pipeteo.

4.1. Cuantificación de los componentes de la incertidumbre.

Las principales fuentes de incertidumbre son las mismas que se explicaron en el capítulo 2 y en esta sección se da un acercamiento para determinar los componentes de incertidumbre correspondientes.

a) Incertidumbre debido a la **repetibilidad no ideal**, lo que en el caso del pipeteo significa que, por mucho que se llene y vacíe la pipeta con cuidado, cada vez obtendremos un volumen pipeteado ligeramente diferente (esto dado a que la repetibilidad es un efecto aleatorio típico). La incertidumbre estándar debida a la repetibilidad $u(V,\ Rep)$ se puede calcular como la desviación estándar[1] de los volúmenes exactos entregados por la pipeta[2]. De acuerdo a los datos de la pipeta empleada se tiene:

$$u(V, Rep) = 0.006\ mL$$

b) Incertidumbre debida a la calibración del equipo volumétrico (frecuentemente llamada **incertidumbre de calibración** o incertidumbre del volumen nominal). Ésta es la incertidumbre en las posiciones de las marcas en la vajilla volumétrica. En el caso de una pipeta determinada, se trata de un efecto sistemático típico. La incertidumbre de calibración de la pipeta utilizada en este ejemplo la especifica el fabricante en $\pm 0{,}03\ mL$ [3]. No existe información sobre la distribución o cobertura de esta estimación de incertidumbre. Esto es muy común si las estimaciones de incertidumbre se obtienen de la documentación del instrumento. En tal caso, lo más seguro es suponer que la estimación de la incertidumbre corresponde a una distribución rectangular (sobreestimación). Como sabemos, es

[1] Dado que el pipeteo para entregar un determinado volumen de líquido se realiza sólo una vez y no se puede promediar (es decir, no es posible pipetear varias veces y luego "promediar" los volúmenes), la estimación adecuada de la incertidumbre de repetibilidad es la desviación estándar de una sola medición, no desviación estándar de la media.

[2] Los volúmenes precisos se pueden medir pesando el agua suministrada por la pipeta y convirtiéndola en volumen utilizando datos de densidad precisos.

[3] Esta incertidumbre se puede reducir significativamente si la pipeta se recalibra en el laboratorio pesando el agua suministrada.

necesario convertir esta incertidumbre a incertidumbre estándar. Para ello, como se explica en el apartado 3.5, tenemos que dividirlo por raíz cuadrada de 3:

$$u(V, Cal) = \frac{0.03\ mL}{\sqrt{3}} = 0.017\ mL$$

c) Incertidumbre debida al efecto de la temperatura (a menudo denominada **incertidumbre de temperatura**). Todos los artículos volumétricos suelen estar calibrados a $20°C$ y los volúmenes suelen referirse a volúmenes a $20°C$[4]. El cambio de temperatura afecta en primer lugar a la densidad del líquido (el efecto de expansión/contracción del vidrio es significativamente menor). Si el pipeteo se realiza a una temperatura superior a $20°C$, entonces la cantidad de líquido (en términos de masa o número de moléculas) pipeteada es menor que la correspondiente al volumen a $20°C$. Si la temperatura del laboratorio y, sobre todo, la temperatura del líquido pipeteado, es constante durante mediciones repetidas, entonces el efecto de la temperatura es un efecto sistemático. La incertidumbre $u(V,\ T)$ depende del volumen V de líquido entregado[5], la máxima diferencia de temperatura posible a partir de $20°C$ (Δt) y el coeficiente de expansión térmica del agua γ. Se calcula de la siguiente manera:

$$u(V, T) = \frac{V \cdot \Delta t \cdot \gamma}{\sqrt{3}} = \frac{(10.00\ ml) \cdot (4\ °\mathrm{C}) \cdot (0.00021\ °\mathrm{C}^{-1})}{\sqrt{3}} = 0.0048\ ml$$

Dividir por raíz cuadrada de 3 sirve para transformar la estimación de la incertidumbre en incertidumbre estándar (suponiendo una distribución rectangular de Δt). Es importante tener en cuenta que la V en la ecuación de $u(V, T)$ siempre se refiere al volumen real medido, no a la capacidad total del dispositivo volumétrico. Por ejemplo, si se midieron $21.2\ mL$ de solución con una bureta de $50\ mL$, entonces el volumen a utilizar es $21.2\ mL$, no $50\ mL$.

---

[4] Si el material de vidrio volumétrico se calibra en el mismo laboratorio, se puede utilizar una temperatura diferente.

[5] En el caso de una pipeta volumétrica, el volumen nominal es el mismo que el volumen entregado, pero en el caso de una bureta normalmente no lo es. Entonces, si de una bureta de $25\ ml$ se suministran $12.63\ ml$ de solución, entonces el volumen que debe usarse para calcular el efecto de la temperatura es $12.63\ ml$, no $25\ ml$.

En el caso de estimaciones de incertidumbre más complejas, algunas de las fuentes también pueden presentarse con incertidumbre ampliada. Por ejemplo, el contenido de analito en el material de referencia: $(0.2314 \pm 0.0010)\ mg/kg, k = 2$. En este caso, esta incertidumbre también debe convertirse a incertidumbre estándar para realizar cálculos adicionales. Para eso, la incertidumbre expandida se divide por el factor de cobertura presentado. Entonces, en el ejemplo dado, la incertidumbre estándar sería $0.0005\ mg/kg$.

4.2. Cálculo de la incertidumbre estándar combinada.

Los componentes de incertidumbre que se cuantificaron en la sección anterior ahora se combinan en la **incertidumbre estándar combinada** (u_c), que es la incertidumbre estándar que toma en cuenta las contribuciones de todas las fuentes importantes al combinar sus respectivos componentes.

En todos los casos en los que la incertidumbre estándar combinada se calcula a partir de componentes de incertidumbre, todos estos componentes deben encontrarse de forma estándar.

En el ejemplo de pipeteo, la incertidumbre estándar combinada se calcula a partir de los componentes de incertidumbre encontrados en la sección anterior de la siguiente manera:

$$u_c(V) = \sqrt{u(V,Rep)^2 + u(V,Cal)^2 + u(V,T)^2} = \sqrt{0.006^2 + 0.017^2 + 0.005^2}$$
$$= 0.019\ ml$$

Ésta es la forma típica de calcular la incertidumbre estándar combinada si todos los componentes de la incertidumbre se refieren a la misma cantidad y se expresan en las mismas unidades, más adelante se analizará de donde proviene el cálculo de y de qué manera utilizarlo. Por lo pronto, este cálculo se utiliza en el caso de **mediciones directas**, mediciones en las que el instrumento de medición (pipeta en este caso) proporciona inmediatamente el valor del resultado, sin necesidad de realizar más cálculos.

Una medición indirecta es aquella en la que la **cantidad de salida** (resultado) se encuentra mediante un cálculo (usando una **ecuación o modelo matemático**) a partir de varias cantidades de entrada. Un ejemplo típico es la titulación.

En el caso de una titulación con una relación molar de 1:1, la concentración del analito en la solución de muestra C_S (la cantidad de salida) se expresa mediante las cantidades de entrada: volumen de solución de muestra tomada para la titulación (V_S), concentración de titulante (C_T) y volumen de titulante consumido para titulación (V_T), como sigue:

$$C_S = \frac{V_T \cdot C_T}{V_S} \quad (4.1)$$

4.3. Observando la incertidumbre obtenida.

Retomando el ejemplo del pipeteo, se puede ver que el componente de incertidumbre con mayor magnitud es la incertidumbre de calibración $u(V, Cal) = 0.017\, mL$. De hecho, la incertidumbre estándar combinada es bastante similar: $u_c(V) = 0.019\, mL$. Si la suma no se hiciera mediante el método de la raíz cuadrada sino mediante una simple suma aritmética, entonces el valor sería $0.028\, mL$. Éste es un buen ejemplo de la propiedad de la suma al cuadrado: los componentes de incertidumbre más pequeños son suprimidos por componentes de incertidumbre más grandes.

La idea de la suma al cuadrado de los componentes es que los diferentes efectos que causan incertidumbre influyen en el resultado en diferentes direcciones (cancelándose entre sí parcialmente) y sus magnitudes no son necesariamente iguales a los valores de las estimaciones de incertidumbre, sino que también pueden ser más pequeñas (ver sección 1). Observar las contribuciones a la incertidumbre es muy útil si se quiere reducir la incertidumbre combinada. Esto ya que, para reducir la incertidumbre de una medición particular, siempre es necesario centrarse en disminuir las incertidumbres causadas por los componentes más grandes. Por lo tanto, en este caso no es muy útil comprar un aire acondicionado más caro para la habitación porque la mejora de la incertidumbre resultante será pequeña. Tampoco será posible mejorar notablemente la incertidumbre reduciendo el componente de repetibilidad.

Claramente, independiente de lo que se haga con los componentes mencionados, la incertidumbre estándar combinada $u_c(V)$ no puede disminuir de $0.019\ mL$ a menos de $0.017\ mL$, lo que no es una disminución significativa, esto porque el componente de mayor proporción es el de calibración $u(V, Cal)$, llevando más del 80% del aporte a la incertidumbre combinada.

Por tanto, si fuera necesario un pipeteo más preciso (con menor incertidumbre), el camino a seguir es calibrar la pipeta en el laboratorio. De esta manera, es realista lograr una incertidumbre de calibración tres veces menor, lo que conduce a una incertidumbre combinada dos veces menor del volumen pipeteado. Consulte la sección 4.6 para ver un ejemplo.

4.4. Incertidumbre expandida.

La probabilidad de aproximadamente el 68% que proporciona la incertidumbre estándar es a menudo demasiado baja para los usuarios de la incertidumbre de medición. Por lo tanto, la incertidumbre de medición se presenta a los clientes principalmente como **incertidumbre expandida, *U***. La incertidumbre expandida se calcula a partir de la incertidumbre estándar multiplicándola por un factor de cobertura, ***k***.

En el caso del ejemplo de pipeteo, la incertidumbre expandida $k = 2$ se encuentra de la siguiente manera:

$$U(V) = u_c(V) \cdot k \quad (4.2)$$

$$U(V) = 0.019\ mL\ \cdot 2 = 0.038\ mL$$

La incertidumbre expandida en el nivel $k = 2$ es la forma más común de expresar la incertidumbre de los resultados de medición y análisis, dado que representa una probabilidad de alrededor de 95.5%.

4.5. Presentación de los resultados de medición.

La presentación correcta del resultado de la medición junto con su incertidumbre expandida en el caso del pipeteo sería la siguiente.

$$V = (10.000 \pm 0.038)mL, k = 2, normal$$

Los paréntesis significan que la unidad "mL" es válida tanto para el valor como para la incertidumbre, "normal" significa que se espera que la cantidad expuesta tenga una distribución aproximadamente normal. Esto, junto con el valor del factor de cobertura 2, significa que se espera que la incertidumbre presentada corresponda a aproximadamente el 95% de probabilidad de cobertura (consulte la sección 3.1 para más detalles).

En cuanto a la representación numérica del valor de incertidumbre, es posible expresarla teniendo en cuenta las siguientes dos consideraciones:

a) Valor de la Incertidumbre de medición:

- Si el primer dígito significativo de la incertidumbre se encuentra entre 1 ... 4, es recomendable expresar la incertidumbre con dos cifras significativas, respetando las reglas de redondeo.
- Si el primer dígito significativo de la incertidumbre se encuentra entre 5 ... 9, es recomendable expresar la incertidumbre con una cifra significativa, respetando las reglas de redondeo.

b) Valor del Resultado de medición:

- Tantos valores decimales como los dados en la incertidumbre.

4.5.1. ¿Cuándo se puede suponer que la cantidad de salida se distribuye de forma normal?

Es natural preguntarse: ¿cuándo podemos escribir "normal" junto al factor de cobertura?, ¿cómo saber si mi estimación sigue una distribución normal? Estas preguntas surgen frecuentemente en la práctica de la metrología y la química analítica, pero su respuesta rigurosa no es sencilla y depende de la teoría de propagación de incertidumbres. Una regla general simple es que, cuando hay al menos tres fuentes principales de incertidumbre con influencia comparable (es decir, el menor y el mayor de los componentes de incertidumbre difieren aproximadamente en una razón de 3 veces o menos), entonces se puede asumir que la distribución de probabilidad de la variable de salida es suficientemente similar a una normal[6].

Este principio se fundamenta en el **teorema central del límite**, que establece que la suma de variables aleatorias independientes tiende a distribuirse normalmente, independientemente de la distribución original de cada componente, siempre que contribuyan en magnitudes comparables. En términos prácticos, esto significa que la forma de la distribución final estará dominada por las contribuciones combinadas de las incertidumbres principales, diluyendo las asimetrías individuales de las distribuciones de origen. Por ejemplo, si las tres fuentes de incertidumbre son una balanza, un termómetro y un método de titulación, y cada una aporta una varianza de magnitud similar, el resultado agregado tenderá a una forma normal.

No obstante, es importante recalcar que esta aproximación pierde validez si una de las fuentes de incertidumbre domina claramente sobre las demás o si se considera una cantidad pequeña de contribuyentes. En tales casos, la forma de la distribución resultante podría diferir significativamente de la normalidad, y sería necesario recurrir a herramientas más avanzadas, como simulaciones de Monte Carlo o la convolución explícita de distribuciones no normales. Estas técnicas permiten abordar escenarios más complejos, pero también requieren un mayor nivel de detalle en la caracterización de las fuentes de incertidumbre y más recursos computacionales.

[6] En este caso particular, hay una cantidad dominante con una distribución supuestamente rectangular, lo que conduce a una función de distribución con "colas muy débiles" (es decir, en realidad no es exactamente una distribución normal). Por lo tanto, una probabilidad de cobertura del 95% ya se logra mediante una incertidumbre ampliada de 0.0034 mL (como lo demuestran las simulaciones de Monte Carlo). Por lo tanto, la incertidumbre presentada de 0.0038 mL es una estimación conservadora (que no está nada mal, como se explica en la sección 3.5).

4.6. Ejemplo práctico.

Ejemplo de cálculo del volumen y su incertidumbre del líquido entregado con una pipeta volumétrica calibrada.

La incertidumbre del volumen pipeteado $u(V)$ tiene tres componentes principales de incertidumbre: incertidumbre debida a la repetibilidad, $u(V, Rep)$; incertidumbre debida a la calibración de la pipeta, $u(V, Cal)$ y la incertidumbre debida a la diferencia de temperatura desde $20°C$, $u(V, T)$.

La estimación de la diferencia máxima probable entre el volumen de la pipeta y el volumen nominal, expresada como $\pm x$ (tolerancia o error máximo permitido), se utiliza a menudo como estimación de la incertidumbre de calibración de la pipeta (como se hizo en la sección 4.1). Generalmente lo proporciona el fabricante sin ninguna información adicional sobre su probabilidad de cobertura o función de distribución. En tal caso, lo más seguro es asumir que se cumple la distribución rectangular y convertir la estimación de la incertidumbre en incertidumbre estándar dividiéndola por la raíz cuadrada de tres.

Normalmente, en el caso de trabajos de alta precisión, la pipeta se calibra en el laboratorio para obtener una menor incertidumbre de calibración. Como se vio en las secciones 4.2 y 4.3, si se utiliza la incertidumbre debida a la calibración de fábrica, entonces este componente de incertidumbre de la calibración es el más influyente. Por lo tanto, reducirlo también reduciría la incertidumbre general.

Es muy importante que la calibración y el pipeteo se realicen en las mismas condiciones y preferiblemente por la misma persona. Esto debido a que, de los datos de calibración se puede obtener tres cantidades importantes:

a. El término de corrección para el volumen de la pipeta $V_{corrección}$.

b. La incertidumbre $u(V, Cal)$ de dicha corrección del volumen.

c. La repetibilidad del pipeteo $u(V, Rep)$.

El procedimiento general para calibrar una pipeta es: pipetear agua repetidamente (a temperatura controlada para conocer su densidad), sobre un instrumento donde se midan las masas de las cantidades de agua pipeteadas y se calculan los volúmenes de agua pipeteados, con ayuda de la densidad del agua a la temperatura de calibración. Realizando diez medidas repetidas de pipeteo para el procedimiento de calibración de una pipeta de 10 mL, se obtuvieron los siguientes resultados:

Datos del agua en el experimento		
Temperatura del agua	23.8	°C
Densidad del agua pura	0.9973	g/cm^3

	m (agua) (g)	**V (agua) (mL)**
1	9.96037	9.98734
2	9.96454	9.99152
3	9.96320	9.99017
4	9.97152	9.99852
5	9.96830	9.99529
6	9.97413	10.00113
7	9.96806	9.99505
8	9.96165	9.98862
9	9.96397	9.99095
10	9.95440	9.98135
Promedio	9.965014	**9.9920**
Corrección		**-0.0080**
Desviación estándar experimental,		**0.0057**
Desviación estándar porcentual relativa, $\frac{s(V)}{V} \cdot 100\%$		**0.058%**
Desviación estándar de la media, $s(V_m)$		**0.0018**

La desviación estándar está calculada de acuerdo a la ecuación 3.3 es:

$$s(V) = \sqrt{\frac{\sum_{i=1}^{n}(V_i - V_m)^2}{n-1}} = 0.0057\ mL$$

La incertidumbre debida a la repetibilidad del pipeteo $u(V, Rep)$ es igual a esta desviación estándar de $0.0057\ mL$. El pipeteo se utiliza a menudo en el análisis por valoración o titulación. Si se pipetea la solución que se titula, esta contribución a la repetibilidad ya se tiene en cuenta en la repetibilidad de los resultados de la titulación y no se tiene en cuenta por separado en la incertidumbre del volumen de la pipeta.

Siempre debe tenerse en cuenta la **incertidumbre de la calibración** (en otras palabras, la incertidumbre de la corrección). En muchos casos, la incertidumbre debida a la repetibilidad de la obtención de la corrección es la única fuente importante de incertidumbre y otras fuentes pueden quedar fuera de consideración. Esta incertidumbre se expresa (cuando se realiza la calibración) como la desviación estándar de la media:

$$u(V, Cal) = s(V_m) = \frac{s(V)}{\sqrt{n}} = \sqrt{\frac{\sum_{i=1}^{n}(V_i - V_m)^2}{n(n-1)}} = 0.0018\ mL$$

En este ejemplo la corrección es: $-0.0080\ ml$ y su incertidumbre estándar es $0.0018\ ml$.

Cuando existe la posibilidad de que el pipeteo se realice a una temperatura diferente a la de calibración[7] (y esta posibilidad existe casi siempre), entonces se introduce una fuente de incertidumbre adicional debido al cambio de temperatura que debe tenerse en cuenta. En este caso asumimos que la temperatura de uso de la pipeta no difiere de la temperatura de calibración en más de 4°C ($\Delta t = \pm 4$°C, suponiendo una distribución rectangular). La densidad del agua depende de la temperatura, por lo tanto, hay que considerar también el coeficiente de expansión térmica del agua, que es $\gamma_w = 2.1 \cdot 10^{-1}$°C^{-1}. Entonces:

[7] Cuando no se realiza ninguna calibración en el laboratorio, la incertidumbre de la calibración se puede tener en cuenta según la información manual, que suele figurar en la pipeta como rango de tolerancia. Por ejemplo, si el fabricante ha proporcionado el rango de tolerancia $\pm 0{,}03\ mL$ (en el caso de una pipeta de $10\ mL$), entonces la incertidumbre estándar de la corrección de la pipeta se calcula como $\frac{0.03\ mL}{\sqrt{3}} = 0.017\ mL$. El valor de corrección en este caso es $0{,}00\ mL$.

$$u(V,T) = \frac{V \cdot \Delta t \cdot \gamma_w}{\sqrt{3}} = \frac{(9.992\,mL) \cdot (4\,°C) \cdot (2.1 \cdot 10^{-4}\,°C^{-1})}{\sqrt{3}} = 0.0048\,mL$$

Ahora, utilizando el valor promedio, el volumen es $9.992\,mL$ y su incertidumbre estándar combinada es:

$$u(V) = \sqrt{0.0057^2 + 0.0018^2 + 0.0048^2} = 0.0077\,mL$$

La incertidumbre expandida $k = 2$ [8] del volumen pipeteado se puede encontrar de la siguiente manera:

$$U(V) = u_c(V) \cdot k = 0.077\,mL \cdot 2 = 0.0154\,mL$$

Como se explicó en la sección 4.5, si el primer dígito significativo de la incertidumbre es 1…4, entonces la incertidumbre debe presentarse con dos cifras significativas. El volumen del líquido pipeteado es:

$$V = (9.992 \pm 0.015)\,mL, k = 2, normal.$$

Es interesante comparar esta incertidumbre expandida con la incertidumbre expandida obtenida en la sección 4.5. Vemos que cuando la pipeta se calibra en nuestro laboratorio[9], la incertidumbre del volumen es más de dos veces menor. También se puede ver que, el componente de incertidumbre debido a la calibración de la pipeta, que en aquel entonces era el componente de incertidumbre más grande, ahora es el más pequeño.

[8] Más adelante (sección 9.8) veremos cómo encontrar rigurosamente si podemos decir que la incertidumbre expandida $k = 2$ en un caso particular corresponde al 95% (esto depende del llamado número efectivo de grados de libertad). Y si no, entonces qué k debería usarse para lograr aproximadamente una probabilidad de cobertura del 95%.
En el caso de este ejemplo, el número efectivo de grados de libertad es 26 y el factor de cobertura respectivo (en realidad, el coeficiente de Student) con una probabilidad del 95% es 2.06, que es sólo ligeramente diferente de 2 (la incertidumbre expandida aumentaría de $0.015\,mL$ a $0.016\,mL$).

[9] Las calibraciones también se pueden realizar en otros laboratorios (laboratorios de calibración), como un servicio externo hecho por el laboratorio, de igual forma los valores de corrección e incertidumbre (con el k utilizado) se declaran en el informe de resultados.

5. Principios de estimación de la incertidumbre de la medición.

5.1. Definición del mensurando.

Para abordar los principios de la estimación de la incertidumbre, es imprescindible comenzar por definir el mensurando. Consideremos el caso de la determinación de pesticidas en naranjas mediante un método instrumental. Este ejercicio requiere responder con precisión a tres preguntas clave: ¿qué?, ¿dónde? y ¿cómo? referirse al mensurando en cuestión.

La definición del mensurando, lejos de ser un paso trivial, es un aspecto crítico que condiciona la validez y aplicabilidad de los resultados analíticos. Por un lado, es necesario establecer si el resultado obtenido corresponde a una única naranja, a un conjunto reducido de naranjas seleccionadas como **muestra representativa**, o a la totalidad del **lote** bajo análisis (el llamado objetivo de muestreo). Por otro lado, se debe considerar que las naranjas no son matrices homogéneas. Los pesticidas suelen aplicarse sobre la superficie de la fruta, pero pueden difundirse hacia el interior con el tiempo, generando gradientes de concentración entre la cáscara y la pulpa. Esto introduce diversas posibilidades para el mensurando: pesticidas en la naranja completa, en la cáscara entera, en la capa externa de la cáscara, o únicamente en la pulpa. Estas opciones generan hasta ocho posibilidades distintas, y cada una resultará en valores analíticos diferentes y no comparables entre sí.

Asimismo, en lugar de definir el mensurando como el contenido total del analito en la muestra (o en una porción de esta), es más frecuente y práctico centrarse en una fracción específica del analito, particularmente aquella que sea más relevante para el cliente o el propósito del análisis. Por ejemplo, en el caso de la determinación de fósforo en suelos, aunque técnicamente es posible cuantificar el contenido total de fósforo, resulta más útil determinar únicamente la fracción biodisponible, ya que esta es la que contribuye directamente a la fertilidad del suelo y es de interés particular en la agricultura.

El contenido total de fósforo y el fósforo biodisponible representan mensurandos diferentes. Sus valores para una misma muestra de suelo pueden diferir sustancialmente, lo que tiene implicaciones directas en el procedimiento analítico. Este ejemplo subraya la importancia de definir el mensurando de manera alineada con el propósito de la medición, ya que esta decisión afecta no solo los resultados obtenidos, sino también la interpretación de estos y su utilidad práctica.

5.2. Procedimiento de medición.

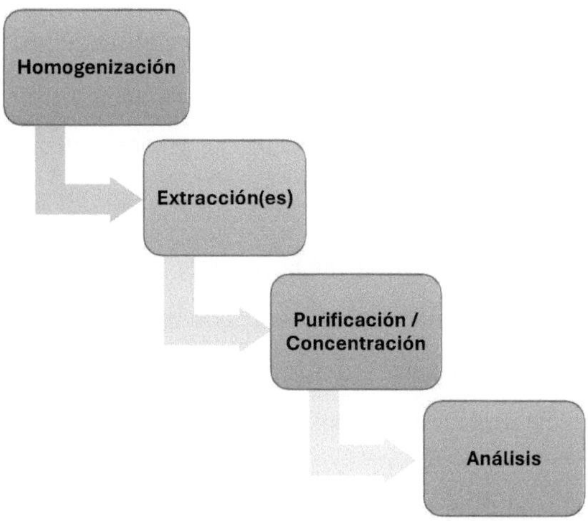

Esquema 9. Procedimiento de análisis químico general.

Este esquema ejemplifica un procedimiento de análisis químico muy general, en casos específicos puede haber desviaciones de este esquema (más pasos o menos pasos). En particular, el muestreo no se presenta aquí como un paso del procedimiento de análisis químico. Esto es válido si las muestras se llevan al laboratorio para su análisis y el laboratorio mismo no realiza el muestreo (consulte la sección 5.3 para obtener más detalles).

Cabe destacar la importancia de la **preparación de la muestra** como paso en el procedimiento analítico. La mayoría de los procedimientos analíticos necesitan que la muestra se convierta en una solución que contenga la mayor parte posible del analito de la muestra (idealmente todo) y la menor cantidad posible de otros componentes de la **matriz** de la muestra. En química analítica, *"matriz de muestra"* es el término para describir conjuntamente todos los componentes de la muestra excepto los analitos. Estos componentes de la matriz actúan a menudo como compuestos **interferentes** que pueden aumentar o disminuir artificialmente el resultado. Por tanto, es importante minimizar su contenido en la solución obtenida de la muestra. Si los compuestos que interfieren no se pueden eliminar por completo y la interferencia no se puede corregir (lo cual es bastante habitual en el análisis químico), entonces se debe tener en cuenta su efecto en la estimación de la incertidumbre de la medición.

La preparación de muestras es a menudo la parte del análisis químico que requiere más trabajo y, en la mayoría de los casos, también es la parte que tiene la mayor contribución a la incertidumbre. Normalmente este proceso puede implicar cualquiera de los siguientes dos enfoques:

- Básicamente, destruir la matriz de la muestra para obtener una solución que contenga los analitos y pocos componentes de la matriz. Esto a menudo se hace mediante digestión con ácidos o fusión con álcalis o sales. Este enfoque es adecuado para determinar elementos químicos.

- Separar el(los) analito(s) de la matriz de la muestra de modo que se obtenga una solución que contenga el(los) analito(s) donde la cantidad de componentes de la matriz sea lo más pequeña posible. Esto generalmente se hace mediante una serie de extracciones. Este enfoque es adecuado para analitos orgánicos.

Obviamente, la elección del procedimiento de preparación de la muestra depende de si el mensurando corresponde al contenido total del analito en la muestra o a una parte del mismo, p. ej. el contenido del analito biodisponible (ver el texto en la sección 5.1):

- En el caso de, por ejemplo, la determinación del contenido de fósforo total en el suelo, el analista puede elegir el procedimiento de preparación de la muestra, son adecuados todos los procedimientos que conduzcan a la determinación del contenido total de fósforo (que a menudo implican la destrucción completa de la matriz).

- En el caso de determinar, por ejemplo, el contenido de fósforo biodisponible en el suelo. El procedimiento de preparación de la muestra debe imitar la forma en que las plantas obtienen fósforo del suelo. Por tanto, la preparación de muestras implicaría lixiviación en condiciones predefinidas.

Estos procedimientos de preparación de muestras suelen estar estandarizados y siempre que se pretenda que los resultados sean mutuamente comparables, deben obtenerse con la misma metodología. Por tanto, en este último caso, el procedimiento de preparación de la muestra pasa a formar parte de la definición del mensurando.

5.3. Fuentes de incertidumbre en la medición.

Esquema 10. Proceso general para la determinación de algún analito.

En este esquema se puede ejemplificar un proceso general para la determinación de algún analito en alguna matriz. Es importante notar que el análisis químico tiene un rango muy diverso de actividades y no siempre se aplicarán los mismos pasos, algunos pueden ser omitidos o algunos otros pueden agregarse. Usado como ejemplo, es un excelente resumen para generalizar la situación del análisis químico.

Cada paso en el proceso general del análisis químico, origina componentes de incertidumbre asociados. Esto conlleva a decir que: a medida que existen más pasos en el análisis químico, mayor cantidad de fuentes de incertidumbre se van a generar, y cada una de ellas se puede determinar de manera individual o en el mejor de los casos, se puede incluir en el análisis conjunto de otras fuentes.

Como se observa en el esquema 11, cada paso en el análisis genera una fuente de incertidumbre, y cada fuente a su vez se puede descomponer en otras subsecuentes. Y cada una de estas contribuciones deben ser evaluadas y de ser el caso, también estimadas.

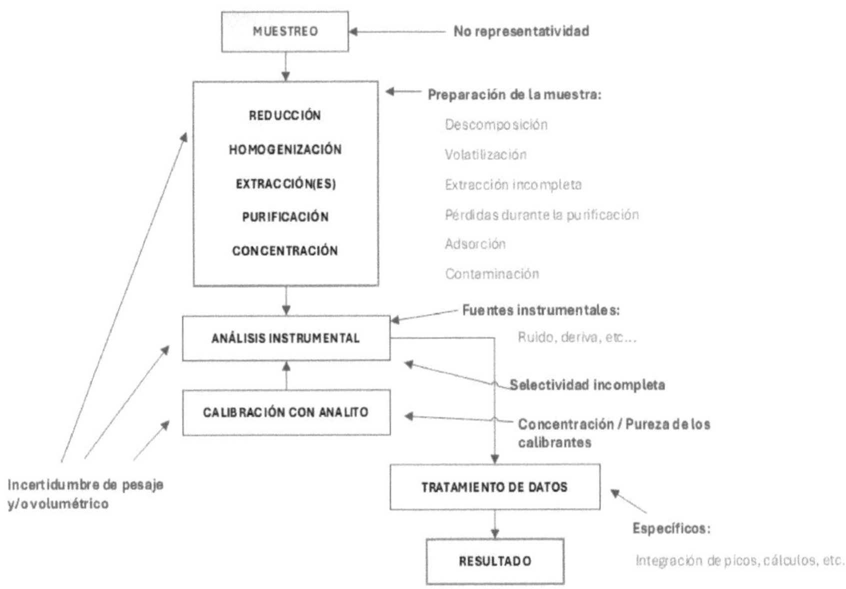

Esquema 11. Posibles fuentes de incertidumbre en un proceso de análisis químico.

5.3.1. ¿Qué debería hacer el químico analítico con las fuentes de incertidumbre?

Existen dos enfoques principales para abordar este desafío. En primer lugar, todo el proceso analítico, desde la preparación de las muestras hasta la obtención de los resultados, debe diseñarse y ejecutarse de manera que se minimicen todas y cada una de las posibles fuentes de incertidumbre. Esto incluye optimizar los procedimientos experimentales, mantener el equipo en condiciones óptimas de calibración y limpieza, y asegurar un control riguroso de las condiciones ambientales, como temperatura y humedad. Aunque sería ideal eliminar por completo algunas fuentes de incertidumbre, en la práctica esto rara vez es posible. Por ello, el objetivo debe ser reducir su impacto tanto como sea razonablemente alcanzable dentro de las limitaciones técnicas y económicas del laboratorio.

En segundo lugar, el químico analítico debe identificar, priorizar y gestionar adecuadamente las fuentes de incertidumbre. Esto implica realizar un análisis crítico para determinar cuáles son las más significativas en términos de su contribución al resultado final. Las fuentes más importantes deben ser cuantificadas con el mayor rigor posible, utilizando mediciones repetidas, estudios de reproducibilidad o técnicas avanzadas como el diseño de experimentos (DoE) y la modelización estadística. Por otro lado, las fuentes de incertidumbre menos relevantes pueden ser tratadas de manera más simplificada, asegurando que no afecten significativamente el resultado global.

5.4. Tratamiento de efectos sistemáticos y aleatorios.

En el caso del pipeteo (demostrado y explicado en las secciones 2 y 4.1) existen tres fuentes principales de incertidumbre: la repetibilidad, la incertidumbre de calibración de la pipeta y el efecto de la temperatura. Estos efectos influyen en el pipeteo de diferentes maneras.

- La repetibilidad es un efecto aleatorio típico. Cada operación de pipeteo está influenciada por efectos aleatorios que en conjunto provocan las diferencias entre los volúmenes que se pipetean en condiciones idénticas.

- La incertidumbre debida a la calibración de la pipeta es un efecto sistemático típico. Si en lugar de 10.00 mL la marca de la pipeta es, por ejemplo, 10.01 mL, el volumen pipeteado será sistemáticamente más alto. Esto significa que, aunque los resultados del pipeteo individual pueden ser inferiores a 10.01 mL (y de hecho incluso inferiores a 10.00 mL), el volumen medio será superior a 10.00 mL, aproximadamente 10.01 mL.

- El efecto de la temperatura puede ser, dependiendo de la situación, un efecto sistemático, aleatorio o (muy comúnmente) una mezcla de ambos. De manera que depende de la estabilidad de la temperatura durante las repeticiones (que está influenciada por la duración total del experimento).

Aunque las tres fuentes de incertidumbre influyen en los resultados del pipeteo de diferentes maneras, todas se tienen en cuenta de una misma forma: a través de contribuciones de incertidumbre expresadas como incertidumbres estándar.

En principio, es posible investigar los efectos sistemáticos, determinar sus magnitudes y tenerlos en cuenta corrigiendo el resultado. Cuando esto sea práctico, se debe hacer, pero si no se hace esto, es posible que el resultado[1] esté sesgado, es decir, que se desvíe sistemáticamente del valor real. Y obviamente, este posible efecto sistemático tiene que quedar cubierto por la incertidumbre del resultado.

Un ejemplo en el que se puede determinar el efecto sistemático e introducir la corrección con un esfuerzo razonable es la calibración de la pipeta, explicada en el ejemplo de la sección 4.

A continuación, se examinan dos casos diferentes:

a) En la subsección 4.1 se utiliza la incertidumbre de calibración de $\pm\ 0.03\ mL$ especificada por el fabricante. Esto corresponde a la situación en que posiblemente existe un efecto sistemático: es la posible[2] diferencia entre el volumen real de la pipeta y su volumen nominal, pero este no se investiga ni se corrige detalladamente y se le asigna una incertidumbre de $\pm\ 0{,}03\ mL$, que con muy alta probabilidad cubre este efecto. Como resultado, la incertidumbre estándar de calibración fue $u(V,\ Cal)\ =\ 0{,}017\ mL$ (se supone una distribución rectangular).

---

[1] La palabra "posible" aquí significa que si no investigamos el efecto sistemático también es posible que en realidad no haya ningún efecto sistemático, es decir, el sesgo es cero. Simplemente no lo sabemos.

[2] La palabra "posible" significa aquí que en realidad puede que no se produzca ningún efecto sistemático: el volumen real de la pipeta puede ser de $10.00\ mL$. Simplemente no sabemos.

b) En la subsección 4.6 se explicó cómo determinar el volumen corregido de la pipeta mediante calibración. Se encontró que el volumen de la pipeta era de $10.006\, mL$. La calibración que se llevó a cabo en el laboratorio todavía tiene incertidumbre, pero esta incertidumbre ahora se debe a la repetibilidad durante la calibración (es decir, efectos aleatorios) y es casi diez veces menor: $u(V,\ Cal) = 0{,}0018\, mL$.

Por lo tanto, cuando se pueda corregir los efectos sistemáticos con un esfuerzo razonable, se puede producir una disminución significativa de la incertidumbre de la medición. Sin embargo, en muchos casos, la determinación precisa de un efecto sistemático (determinación precisa del sesgo) puede implicar un esfuerzo muy grande y, debido a esto, puede resultar poco práctica.

Es probable que también ocurra que, la incertidumbre de la corrección no sea mucho menor que la incertidumbre debida a un posible sesgo. De hecho, con un esfuerzo razonable (es decir, no muy grande), el resultado de la determinación del sesgo a menudo es que: podría **NO** haber un efecto sistemático. En tales casos no se puede realizar la corrección y la incertidumbre debida al efecto debe cubrir el posible efecto sistemático (posible sesgo).

6. Revisión de los efectos sistemáticos y aleatorios.

6.1. Efectos aleatorios y sistemáticos a corto y largo plazo.

Un efecto que dentro de un período de tiempo corto (por ejemplo, dentro de un día) es sistemático puede ser aleatorio durante un período de tiempo más largo. Ejemplos:

- Si se realizan varias operaciones de pipeteo en un día utilizando la misma pipeta, la diferencia entre el volumen real de la pipeta y su volumen nominal (es decir, la incertidumbre de la calibración) será un efecto sistemático. Si el pipeteo se realiza en días diferentes y se utiliza la misma pipeta, también se trata de un efecto sistemático. Sin embargo, si el pipeteo se realiza en días diferentes y se utilizan pipetas diferentes, este efecto se convertirá en un efecto aleatorio.

- Un instrumento se calibra diariamente con soluciones de calibración elaboradas a partir de la misma solución madre, que se renueva cada mes. En este caso, la diferencia entre la concentración real de la solución madre y su concentración nominal es un efecto sistemático en un día y también en unas pocas semanas. Pero durante un período más largo [1], digamos, medio año, este efecto se vuelve aleatorio, ya que se habrán utilizado varias soluciones madre diferentes durante ese período de tiempo.

Conclusiones:

- Un efecto que es sistemático a corto plazo (en un corto periodo de tiempo) puede convertirse en aleatorio a largo plazo (en un amplio periodo de tiempo).

- Cuanto más largo sea el período de tiempo, más efectos pueden cambiar de sistemáticos a aleatorios.

Como se explicó en un capítulo anterior, si la medición de la misma muestra o idéntica se repite en condiciones idénticas (generalmente dentro del mismo día) usando el

[1] No se puede definir estrictamente cuánto tiempo es "largo plazo". Una orientación aproximada podría ser: un año es bueno, "varios meses" (al menos 4-5) es un mínimo. Por supuesto, también depende del procedimiento.

mismo procedimiento, entonces la desviación estándar de los resultados obtenidos se denomina **desviación estándar de repetibilidad** y se denota como s_r. Si la medición de la misma muestra o de una muestra idéntica se repite utilizando el mismo procedimiento, pero bajo condiciones modificadas en las que los cambios son los que tienen lugar en el laboratorio bajo prácticas laborales normales, entonces la desviación estándar de los resultados se denomina **reproducibilidad dentro del laboratorio** o **precisión intermedia** y se denota como s_{R_w}.[2]

Las conclusiones expresadas anteriormente son la razón por la cual s_r es más pequeño que s_{R_w}. Simplemente, algunos efectos que dentro del día son sistemáticos y no son tomados en cuenta por s_r se vuelven aleatorios durante un tiempo más largo y es donde s_{R_w} si los tiene en cuenta. Por otro lado, la incertidumbre estándar combinada u_c es a su vez mayor que la precisión intermedia, esto porque toma en cuenta todos los efectos significativos que influyen en el resultado, incluidos aquellos que siguen siendo sistemáticos también a largo plazo. Esta importante relación entre estas tres cantidades se visualiza en el siguiente esquema.

Repetibilidad $<$ Reproducibilidad dentro del laboratorio $<$ Incertidumbre Combinada

$$s_r \quad < \quad s_{Rw} \quad < \quad u_c$$

Esquema 12. Relaciones entre repetibilidad, reproducibilidad dentro del laboratorio e incertidumbre combinada.

No se puede considerar que los efectos aleatorios y sistemáticos estén en relación directa con la estimación de incertidumbre de tipo A y B. Estas son cosas categóricamente diferentes. Los efectos se refieren a las relaciones causales intrínsecas, mientras que la estimación de la incertidumbre de tipo A y B se refiere más bien a los enfoques utilizados para determinar la incertidumbre. La siguiente tabla ilustra esto con más detalle.

[2] Los términos "reproducibilidad en el laboratorio" y "precisión intermedia" son sinónimos. El VIM [1] prefiere "precisión intermedia". El manual Nordtest [5] utiliza ampliamente la reproducibilidad dentro del laboratorio. Para enfatizar la importancia del "largo plazo", a lo largo del texto a menudo nos referimos a s_{R_w} como la reproducibilidad a largo plazo dentro del laboratorio.

Tabla 1. Interrelaciones entre efectos sistemáticos y aleatorios, y estimaciones de incertidumbre tipo A y B.

Efecto	Estimación tipo A	Estimación tipo B
Aleatorio	La forma habitual de estimar las incertidumbres causadas por efectos aleatorios.	La estimación de tipo B de la incertidumbre causada por efectos aleatorios es posible si no se realizan mediciones repetidas y los datos/información sobre la magnitud del efecto están disponibles de diferentes fuentes.
Sistemático	Esto sólo es posible si el efecto se convierte en un efecto aleatorio a largo plazo.	La forma habitual de estimar las incertidumbres causadas por efectos sistemáticos.

Entonces, dependiendo de la línea de tiempo, todos los efectos que causan incertidumbre se pueden agrupar como se muestra en el esquema 13. Desde una perspectiva de corto plazo, la mayoría de los efectos actúan de forma sistemática y los efectos aleatorios pueden cuantificarse mediante la repetibilidad. A largo plazo, la mayoría de los efectos (normalmente la mayoría) son aleatorios y pueden cuantificarse mediante la reproducibilidad dentro del laboratorio (precisión intermedia).

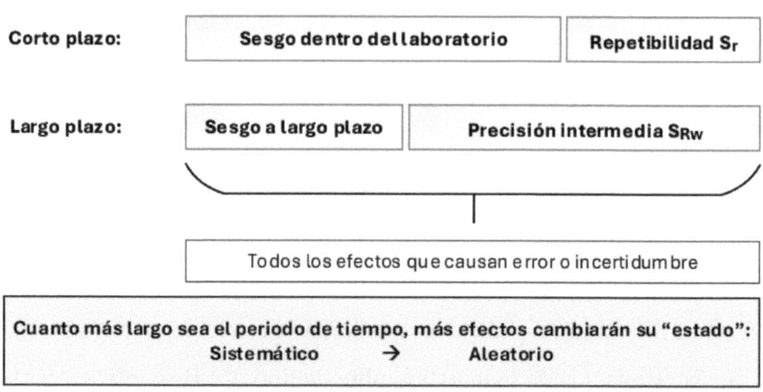

Esquema 13. Dos formas de agrupar los efectos que causan incertidumbre (corto y largo plazo).

Como se explicará más adelante, los dos enfoques principales de estimación de la incertidumbre abordados en este texto utilizan las formas anteriores de la siguiente manera:

- El enfoque de modelado (ISO GUM) tiende a seguir la visión de corto plazo, estimando la incertidumbre de un resultado concreto sobre un día en concreto.

- El enfoque de laboratorio único (Nordtest) siempre sigue la visión a largo plazo, estimando una incertidumbre promedio del procedimiento.

6.2. Determinación de la repetibilidad y la reproducibilidad dentro del laboratorio en la práctica.

Tabla 2. Requerimientos típicos para determinar s_r y s_{R_w} en un proceso analítico.

<table>
<tr><th>Repetibilidad s_r</th><th>Reproducibilidad dentro del laboratorio
s_{R_w}</th></tr>
<tr><td colspan="2">Hay una cantidad suficiente de una muestra estable y homogénea (muestra de control).</td></tr>
<tr><td colspan="2">La muestra de control debe ser similar a las muestras analizadas habitualmente en cuanto a contenido de analito y nivel de dificultad.</td></tr>
<tr><td>La muestra debe ser estable durante el día.</td><td>La muestra debe ser estable por meses.</td></tr>
<tr><td>Las mediciones con submuestras de la muestra de control se realizan el mismo día en las mismas condiciones.</td><td>Los días en que se utiliza el procedimiento de análisis, además de los estándares y las muestras del cliente, también se analiza una submuestra de la muestra de control.</td></tr>
<tr><td colspan="2">La submuestra de la muestra de control debe pasar por todos los pasos del procedimiento, incluidos los pasos de preparación de la muestra.</td></tr>
<tr><td colspan="2">s_r o s_{R_w} se encuentra como desviación estándar de los resultados obtenidos con submuestras de la muestra de control.</td></tr>
</table>

Al estimar las contribuciones a la incertidumbre debidas a efectos aleatorios, es importante realizar varias mediciones repetidas. Por otro lado, si, por ejemplo, se estima la repetibilidad de algún procedimiento analítico, cada repetición debe cubrir todos los pasos del procedimiento, incluida la preparación de la muestra. Por esta razón, hacer muchas repeticiones requiere mucho trabajo y en esta situación, el concepto de **desviación estándar agrupada** resulta muy útil.

6.3. Desviación estándar agrupada.

Si es imposible hacer varias mediciones repetidas con la misma muestra, entonces la precisión puede ser estimada durante un largo periodo de tiempo a partir de la desviación estándar agrupada.

Esta desviación puede ser usada para calcular dos componentes de precisión:

a) Repetibilidad s_r, componente de precisión a corto plazo.

b) Reproducibilidad dentro del laboratorio s_{R_w}, componente de precisión a largo plazo.

Esto resulta de gran utilidad en casos en que el experimento o las medidas repetidas se hayan realizado con diferentes muestras y/o en diferentes momentos de tiempo (sean a corto o largo plazo). Su fórmula general se describe de la siguiente forma.

$$s_{agrupada} = \sqrt{\frac{(n_1-1)s_1{}^2+(n_2-1)s_2{}^2+\cdots+(n_k-1)s_k{}^2}{n_1+n_2+\cdots+n_k-k}} \qquad (6.1)$$

Donde:

- k es el número de grupos de muestras.
- $s_1, s_2, \ldots$, etc. Son las desviaciones estándar de cada grupo de muestras.
- $n_1, n_2, \ldots$, etc. Son el número de mediciones realizadas para cada grupo de muestras.

Si el número de mediciones hechas con cada grupo de muestras fue el mismo entonces:

$$s_{agrupada} = \sqrt{\frac{s_1{}^2+s_2{}^2+\cdots+s_k{}^2}{k}} \qquad (6.2)$$

Donde:

- k es el número de muestras.
- s_1, s_2 etc. Son las desviaciones estándar de cada muestra.

La naturaleza matemática de la desviación estándar agrupada es como raíz cuadrada de la media cuadrática de varias desviaciones estándar, y dependiendo de cómo se planifiquen los experimentos, se la puede utilizar como cálculo de incertidumbre estándar de varios tipos de componentes. Más adelante se analizará esto.

7. Precisión, veracidad y exactitud.

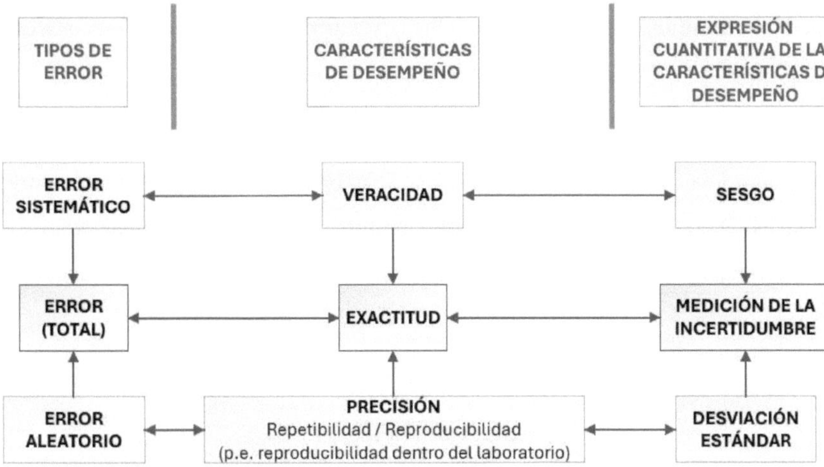

Esquema 14. Interrelaciones entre los diferentes tipos de erro y características de desempeño.

La diferencia entre el valor medido y el valor real se llama error o error total (ver sección 1). Este error se puede dividir en dos partes: **error aleatorio** (que tiene diferente magnitud y signo en el caso de mediciones repetidas) y **error sistemático** (que tiene la misma magnitud y signo o que cambia sistemáticamente en el caso de mediciones repetidas). Como se vio en la sección 1, los errores no se pueden conocer con exactitud. Por lo tanto, en lugar de errores en sí, operamos con estimaciones de errores: las características de desempeño y sus expresiones cuantitativas.

En ese sentido, la **veracidad** es la estimación del error sistemático. Y para determinar la veracidad no es necesario conocer el valor verdadero, pero sí un **valor de referencia,** el cual (a diferencia del valor real) tiene incertidumbre, pero normalmente es pequeña. La expresión cuantitativa de la veracidad corresponde al **sesgo**, que es la diferencia entre el valor medido obtenido de múltiples mediciones repetidas con la misma muestra y el valor de referencia.

Por otro lado, diferentes tipos de **precisión** pueden ser estimaciones del error aleatorio. Puesto que, para obtener la precisión "verdadera" necesitaríamos realizar un número infinito de mediciones repetidas, existen diferentes tipos de precisión, dependiendo de las condiciones bajo las cuales esta se determina, p. ej. repetibilidad (sección 1) y precisión intermedia (sección 6). La expresión cuantitativa de la precisión es la **desviación estándar**, obtenida nuevamente a partir de múltiples mediciones con la misma muestra.

La **exactitud** abarca tanto la veracidad como la precisión y se considera que describe el error total. Las características de desempeño expresadas cuantitativamente para el error sistemático y aleatorio, pueden combinarse en una estimación de la **incertidumbre de la medición**, que puede considerarse como la expresión cuantitativa de la exactitud.

8. Resumen de los enfoques de estimación de la incertidumbre en las mediciones.

Los dos enfoques principales que se abordan en este texto son: el modelado (ISO-GUM) y el enfoque de validación dentro del laboratorio (Nordtest) que difieren según el grado de detalle, por la forma en que se tienen en cuenta los efectos aleatorios y por el estado de la incertidumbre obtenida. La siguiente tabla describe estas diferencias.

Tabla 3. Algunas diferencias clave entre el modelado ISO-GUM y validación dentro del laboratorio (Nordtest) para estimar la incertidumbre de medición.

Aspecto	Modelado (ISO-GUM)	Validación dentro del laboratorio (Nordtest)
Teniendo en cuenta los efectos aleatorios	Por lo general, los efectos aleatorios se abordan a nivel dentro del día (a corto plazo) (ver Sección 6), utilizando repetibilidades. Todos los efectos que dentro de un día son sistemáticos, se tienen en cuenta por separado. Por lo tanto, generalmente muchas fuentes de incertidumbre se cuantifican por separado.	Los efectos aleatorios se abordan a nivel de largo plazo, con el objetivo de incorporar tantos efectos como sea posible en el componente aleatorio de la incertidumbre, generalmente cuantificado como reproducibilidad dentro del laboratorio s_{R_w} (denominado $u(R_w)$ en la sección 10). Esta es una ventaja importante de este enfoque, como se explica en la sección 10.2.
Grado de información necesaria (u obtenida) sobre diferentes fuentes de incertidumbre	Como resultado de cuantificar una serie de fuentes de incertidumbre por separado, el alcance de la información sobre diferentes fuentes de incertidumbre suele ser bastante alto.	Como resultado de cuantificar una gran cantidad de fuentes de incertidumbre como reproducibilidad dentro del laboratorio, el nivel de información necesaria/obtenida sobre diferentes fuentes de incertidumbre es bajo.
Estado de la incertidumbre obtenida	La incertidumbre obtenida se aplica a un resultado de análisis específico obtenido en un día específico.	La incertidumbre obtenida es una estimación de incertidumbre promedio del procedimiento de análisis a lo largo de un período de varios meses.

Aunque la ISO-GUM [2] es el documento estándar de facto para la estimación de la incertidumbre de la medición, especialmente en física, el enfoque de validación dentro del laboratorio (Nordtest) también está ganando popularidad. Por ejemplo, el enfoque Nordtest forma la base de la norma ISO/IEC 11352[7] que brinda los lineamientos y puntualiza el procedimiento para la estimación de la incertidumbre de la medición basada en datos de validación y control de calidad.

9. El enfoque de modelado ISO-GUM[1]

El enfoque de modelado ISO-GUM (2) es un marco estandarizado que se aplica ampliamente en el análisis químico para estimar la incertidumbre asociada a mediciones. Este enfoque se basa en la identificación de todas las fuentes de incertidumbre que influyan en el resultado final de una medición, clasificándolas en componentes tipo A (basados en datos estadísticos) y tipo B (basados en información previa o juicios) (ver sección 3.3). En el **análisis químico**, se aplican métodos como la calibración de instrumentos, el análisis de muestras y la preparación de soluciones, todos con posibles errores sistemáticos y aleatorios que afectan los resultados. El enfoque ISO-GUM proporciona una metodología clara para combinar estas incertidumbres individuales, utilizando la ley de **propagación de errores**, para obtener una incertidumbre combinada y expandida, lo que permite expresar de manera fiable la calidad de las mediciones en el laboratorio

9.1. Principio, ecuaciones y resumen de la implementación práctica.

Como se mencionó anteriormente, el enfoque ISO-GUM se basa en modelos matemáticos de medición, los cuales generan funciones multivariables que, de acuerdo a la ley de propagación de errores y mediante el uso del cálculo multivariable, se puede extraer la incertidumbre combinada u_c del valor de salida (el valor del mensurando).

Cada modelo tiene su desarrollo particular, pero en general la forma de calcular la incertidumbre combinada se puede dividir en dos casos principales: el caso de magnitudes de entrada no correlacionadas y el caso de magnitudes de entrada correlacionadas, de estos se pueden derivar muchos otros. A continuación, se detallan los dos casos principales y algunos específicos:

[1]ISO-GUM originalmente se refiere a: The Guide to the Expression of Uncertainty in Measurement, ISO, Geneva, Switzerland, 1993 (Reprinted 1995). En 2008 este documento fue revisado y reeditado como: ISO JCGM 100:2008 Evaluation of measurement data - Guide to the expression of uncertainty in measurement. Documento disponible on-line en: http://www.bipm.org/en/publications/guides/gum.html

9.1.1. Incertidumbre combinada con magnitudes de entrada NO correlacionadas.

En el caso general, si la cantidad de salida Y se encuentra a partir de las cantidades de entrada $X_1, X_2, \ldots X_n$ de acuerdo con alguna función de correspondencia F (función multivariable) de la siguiente manera:

$$Y = F(X_1, X_2, \ldots X_n) \qquad (9.1)$$

Entonces, la incertidumbre estándar combinada de la cantidad de salida $u_c(y)$ se puede expresar mediante una expansión de primer orden de una serie de Taylor multivariable, donde se consideran las derivadas parciales $\frac{\partial Y}{\partial X_i}$ de cada componente y las incertidumbres estándar de las cantidades de entrada $u(x_i)$ (**no correlacionadas entre sí**), de la siguiente manera:

$$u_c(y) = \sqrt{\sum_{i=1}^{n} u_i^2} = \sqrt{\sum_{i=1}^{n} \left[\frac{\partial Y}{\partial X_i} u(x_i)\right]^2} \qquad (9.2)$$

Los términos $\left[\frac{\partial Y}{\partial X_i} u(x_i)\right]$ se denominan como los componentes i-ésimos de la incertidumbre (u_i), y los términos $\frac{\partial Y}{\partial X_i}$ son derivadas parciales del resultado respecto a cada variable de entrada que, muchas veces se denominan como **coeficientes de sensibilidad** (a veces denotados por c_i).

A primera vista, la ecuación 9.2 puede parecer muy compleja, pero en realidad no es demasiado difícil de usar. Existe un método numérico llamado "método de la hoja de cálculo de Kragten" que permite aplicar la ecuación 9.2 sin necesidad de evaluar las derivadas de cada componente (ver ejemplo en anexos).

9.1.2. Incertidumbre combinada con magnitudes de entrada correlacionadas.

Las magnitudes de entrada se pueden correlacionar (depender una de la otra) de varias maneras, una de ellas es por el hecho de que una magnitud se encuentra en el modelo matemático de otra magnitud, y ambas están dentro del modelo de medición que se va a utilizar. Por otro lado, la correlación puede que no sea tan evidente y se dé de forma implícita (p. ej., la pendiente y ordenada de una curva de calibración), además de cualquier otra forma descrita o evidenciada en el proceso de medición.

En dicho caso la ecuación 9.3 cambia incluyendo los aportes de las variables correlacionadas. Para dos magnitudes de entrada correlacionadas $u(x_i)$ se tiene:

$$u_c(y) = \sqrt{\sum_{i=1}^{n}\left[\frac{\partial Y}{\partial X_i}u(x_i)\right]^2 + \left[2\sum_{i=1}^{n-1}\sum_{k=i+1}^{n}\frac{\partial Y}{\partial X_i}\cdot\frac{\partial Y}{\partial X_k}u(x_i)u(x_k)r_{ik}\right]} \quad (9.3)$$

Donde r_{ik}, es el coeficiente de correlación entre las variables i, k. Este coeficiente se determina experimentalmente empleando un ajuste lineal por mínimos cuadrados.

Nota: A lo largo del texto, ***no trataremos*** *a fondo las variables correlacionadas dada la dificultad para encontrar su coeficiente. Por lo cual omitiremos o estimaremos a cero la correlación entre variables.*

9.1.3. Incertidumbre combinada en caso de modelos específicos.

En química analítica, existen modelos muy específicos de medición los cuales se pueden particularizar mediante ecuaciones más simples, de acuerdo al desarrollo a continuación.

9.1.3.1. Modelo de medición sumativo

Si la cantidad de salida se expresa a través de las cantidades de entrada en suma o resta de la siguiente manera:

$$Y = X_1 - X_2 + \cdots + X_n \quad (9.4)$$

Entonces: $$u_c(y) = \sqrt{u(x_1)^2 + u(x_2)^2 + \cdots + u(x_n)^2} \quad (9.5)$$

Es importante destacar que, independientemente de si las cantidades de entrada se suman o restan, las incertidumbres estándar al cuadrado bajo la raíz cuadrada siempre se suman. Esta forma de combinar los componentes de incertidumbre es, en principio, la misma que se utilizó anteriormente para el caso del pipeteo.

9.1.3.2. Modelo de medición multiplicativo

Si la cantidad de salida se expresa a través de las cantidades de entrada en producto o división de la siguiente manera:

$$Y = \frac{X_1 \cdot X_2}{X_3 \cdot X_4} \quad (9.6)$$

Entonces: $\frac{u_c(y)}{y} = \sqrt{(\frac{u(x_1)}{x_1})^2 + (\frac{u(x_2)}{x_2})^2 + (\frac{u(x_3)}{x_3})^2 + (\frac{u(x_4)}{x_4})^2}$ (9.7)

Como puede verse, aquí son las incertidumbres estándar relativas las que se combinan en forma de suma al cuadrado para obtener la incertidumbre estándar relativa combinada de la cantidad de salida. La incertidumbre estándar combinada absoluta de la cantidad de salida se calcula multiplicando por el valor de salida correspondiente de la siguiente manera:

$$u_c(y) = y \cdot \sqrt{(\frac{u(x_1)}{x_1})^2 + (\frac{u(x_2)}{x_2})^2 + (\frac{u(x_3)}{x_3})^2 + (\frac{u(x_4)}{x_4})^2} \quad (9.8)$$

9.1.3.3. Modelo de medición por regresión lineal

Un modelo clásico de medición que se debe tener en particular es el de estimación lineal (o modelo de curva de calibración). Modelo en el que se hace uso de un equipo de medición, el cual responde con una señal provocada por la interacción de la concentración de analito existente en la muestra. Mediante un grupo de concentraciones conocidas (C) y sus respectivas señales respuestas (y) se genera una relación concentración/señal que se define mediante una ecuación lineal:

$$y = b_0 + b_1 \cdot C \quad (9.9)$$

Las variables b_0 y b_1 son la ordenada y la pendiente respectivamente. Los valores de y pueden ser señales como: absorbancias, potencial eléctrico, cuentas por segundo, área bajo la curva, etc., mientras que los valores de C corresponden a la concentración del analito en estudio. La estimación lineal en forma de curva de calibración obliga a tener los valores de concentración (C) en el eje de las abscisas y los valores observados en el equipo (y) en el eje de las ordenadas.

En este tipo de modelos generalmente el valor que se busca, no se encuentra en y, se encuentra en C. Por lo cual, una manera más adecuada de definir el modelo de acuerdo a la variable de salida C_{int} (como valor interpolado) en función a las de entrada es:

$$C_{int} = \frac{y - b_0}{b_1} \quad (9.10)$$

Aquel modelo tiene un desarrollo característico debido a la fuerte correlación que existe entre los componentes de la ecuación (ordenada al origen y pendiente). Esta correlación tiene que desarrollarse y estimarse adecuadamente mediante el uso de la ecuación 9.3.

El mencionado desarrollo de la serie de Taylor de la ecuación 9.10 conlleva a ecuaciones muy complejas y con parámetros difícilmente calculables. No obstante, la guía Eurachem [(3)] propone una aproximación muy útil para la incertidumbre del valor interpolado (C_{int}) de la siguiente manera:

$$u(C_{int}) = \frac{S_{resid}}{b_1} \cdot \sqrt{\frac{1}{p} + \frac{1}{n} + \frac{(C_{int} - \bar{x})^2}{S_{xx}}} \quad (9.11)$$

Esta ecuación ya se considera como la incertidumbre estándar combinada para el modelo 9.10. Donde cada componente corresponde a:

- $\boldsymbol{S_{resid}}$: Desviación estándar de los residuales obtenida en la regresión lineal.
- $\boldsymbol{p}$: Número de observaciones del valor y para obtener C_{int}.
- $\boldsymbol{n}$: Número de pares de datos utilizados para ejecutar la regresión lineal.
- $\boldsymbol{S_{xx}}$: Suma de cuadrados de los valores x (las concentraciones usadas).
- $\boldsymbol{\bar{x}}$ **:** Promedio de los valores de las abscisas (concentraciones) usadas para la regresión.

Como ya es evidente, todas las ecuaciones vistas anteriormente, derivan del correcto desarrollo tanto de la ecuación 9.2 como de la 9.3 y lo es así con cualquier otro modelo de medición. En particular, el modelo de curva de calibración es ampliamente útil en el ámbito de la química analítica.

Cabe mencionar que, aun cuando la ecuación 9.11 es muy útil, su desarrollo **NO** toma en cuenta las contribuciones de la incertidumbre dadas por el equipo de medición que genera la observación (y) la cual no depende de la estimación lineal, sino de las características intrínsecas del equipamiento utilizado. Este componente se puede tomar en cuenta como una contribución adicional a la incertidumbre combinada de acuerdo a la siguiente ecuación.

$$u(C)^2 = u(C_{inter})^2 + \frac{u(Equipo)^2}{b_1^2} \qquad (9.12)$$

Es evidente el uso de la pendiente (b_1) para "normalizar" la incertidumbre del equipo respecto a unidades de concentración. Por otro lado, en la incertidumbre dada al equipo se puede considerar la deriva instrumental, la calibración, la repetibilidad, etc., valores los cuales debieron haber sido analizado previamente, incluidos o descartados siendo el caso (más adelante se ejemplificará su uso).

9.1.4. Pasos para la implementación práctica del enfoque.

La incertidumbre combinada del resultado o cantidad de salida del modelo matemático implementado para la medición, se puede obtener a partir de los siguientes pasos:

1) Definir el mensurando, es importante saber qué es lo que se pretende medir y si es que el analito es único o pertenece a algún grupo de compuestos. Es la base del procedimiento de medición y de la ecuación del modelo.

2) Ecuación del modelo, es esencial una vez definido el mensurando, establecer una relación matemática entre todas las magnitudes de entrada involucradas en el proceso de medición.

3) Fuentes de incertidumbre, las cuales se deben analizar mediante la herramienta adecuada y establecer su impacto en el resultado final, a fin de despreciarlas o darles mayor relevancia.

4) Cantidades de entrada, es necesario establecer cómo se van a determinar las cantidades de entrada y obtenerlas adecuadamente. Estas son cantidades que pueden ser medidas directamente u obtenidas de algún otro proceso (el cual también debe ser tomado en cuenta).

5) Incertidumbres estándar de las cantidades de entrada, las cuales deben ser obtenidas según su procedencia (tipo A o tipo B) y estandarizadas correctamente.

6) Cantidad de salida, que se encuentra de acuerdo al modelo de medición utilizado (el cual debe ser coherente en dimensiones).

7) Obtener la incertidumbre combinada, de acuerdo a la ecuación 9.2, 9.3, modelos específicos o derivaciones válidas de estas.

8) Incertidumbre expandida, a partir de la incertidumbre combinada y según un correcto factor de cobertura (k).

9) Analizar la incertidumbre obtenida, proceso el cual es muy importante dado que se obtienen resultados concluyentes. En este paso se determina la influencia que cada aporte a la incertidumbre tiene sobre el resultado final, y es aquí donde se pueden generar cambios a la metodología que repercuten directamente en una disminución de la incertidumbre combinada.

9.2. Enfoque ISO-GUM en la práctica: Determinación de Amonio en agua mediante Espectrofotometría.

9.2.1. Paso 1 – Definición del mensurando.

La definición del mensurando es el paso más básico de cualquier medición. En este paso se define lo que realmente se mide y esta definición es también la base para el procedimiento de medición y la ecuación del modelo.

El mensurando en este caso es la concentración de NH_4^+ expresada como concentración de iones amonio $C_{N\_muestra}(mg/L)$ en la muestra de agua.

Esquema general del procedimiento de medición:

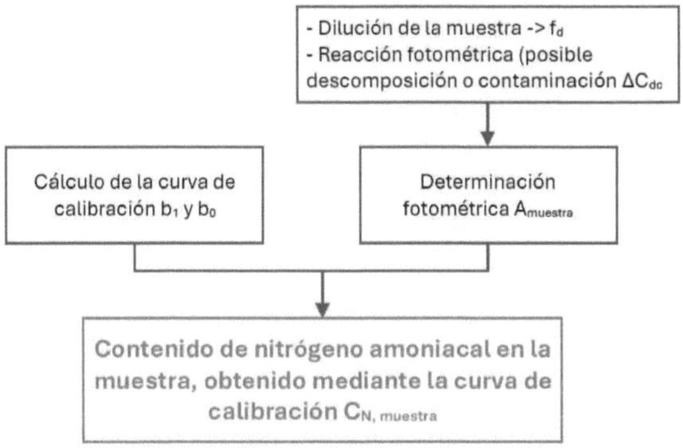

9.2.2. Paso 2 - Ecuación del Modelo.

La ecuación del modelo (ecuación 9.1) permite calcular el valor de la **cantidad de salida** (valor resultante) a partir de los valores de las **cantidades de entrada.** De manera general, las cantidades de entrada son cantidades medidas directamente (o se calculan a partir de cantidades medidas directamente) y la ecuación del modelo debe permitir tener en cuenta todas las fuentes importantes de incertidumbre en la medición. En el caso de este análisis la ecuación del **modelo** es la siguiente:

$$C_{N_{muestra}} = \frac{(A_{muestra} - b_0)}{b_1} \cdot f_d + \Delta C_{dc}$$

La cantidad de salida es $C_{N_{muestra}}$ la concentración del ion amonio en la muestra de agua.

Las cantidades de entrada son:

- $A_{muestra}$ es la absorbancia obtenida de la muestra;
- b_1 y b_0 son la pendiente e intercepto de la curva de calibración.
- f_d es el factor de dilución.
- ΔC_{dc} es el componente teniendo en cuenta la incertidumbre originada por una posible descomposición o contaminación.

Los parámetros $A_{muestra}$, b_1, b_0 y f_d en la ecuación representan las cantidades de entrada medidas directamente y obtenidas por la estimación lineal. Por el contrario, ΔC_{dc} se introduce sólo para tener en cuenta la incertidumbre debida a una posible descomposición del complejo fotométrico y a una posible contaminación. Su valor es cero como se verá más adelante, por lo que no contribuye al valor de $C_{N_{muestra}}$. Sin embargo, su incertidumbre es diferente de cero y, por lo tanto, contribuirá a la incertidumbre del resultado.

9.2.3. Paso 3 - Fuentes de incertidumbre.

Se deben considerar todas las posibles fuentes de incertidumbre y se deben tener en cuenta aquellas que probablemente sean influyentes. Los esquemas de esta sección muestran las fuentes de incertidumbre que influyen en el resultado de este análisis. Sin embargo, tenga en cuenta que no necesariamente se debe contar con todos ellos individualmente en la estimación de la incertidumbre. Algunos pueden ser pequeños para poder despreciarlos o, algunos pueden agruparse en un solo componente de incertidumbre.

Los siguientes esquemas enumeran las principales fuentes de incertidumbre en el análisis químico y comentan la presencia o ausencia de las respectivas fuentes de incertidumbre en nuestro caso[2].

- **Muestreo**
  - No representatividad de la muestra.

  → El resultado se expresa para la muestra, el muestre no está incluido.

- **Preparación de la muestra.**
  - No-homogeneidad.
  - Separación incompleta del analito.
  - Adsorción del analito.

  → La muestra es homogénea, el analito no está separado y no se adsorbe.

  - Descomposición del analito o complejo fotométrico.
  - Volatilización del analito.
  - Reacción incompleta.
  - Contaminación.

  → **El analito o complejo fotométrico puede descomponerse o contaminarse ΔC_{dc}.**

- **Preparación y dilución de soluciones.**

  → **f_d toma en cuenta esto.**

- **Pesaje**

  → **b_1 y b_0 se incluyen en la incertidumbre.**

- **Calibración del instrumento.**
  - Pureza de la sustancia estándar.
  - Preparación de la solución.

  → **La incertidumbre de b_1 y b_0.**

- **Medición de la muestra.**
  - Interferencias.

  → **$A_{muestra}$ toma en cuenta esto.**

[2] Comentario sobre el efecto pérdida como una fuente de incertidumbre: El efecto pérdida es problemático, en primer lugar, en el caso del análisis de trazas y, en segundo lugar, si el analito es especialmente propenso a la adsorción en superficies de vidrio o plástico. En este caso, aunque la concentración de amonio en la muestra es bastante baja, todavía no se trata de un verdadero análisis de trazas. El ion amonio no es de alguna forma una especie fuertemente adsorbente. Por lo tanto, podemos dejar de lado el efecto de pérdida como fuente de incertidumbre.

- Repetibilidad de lectura.
- Deriva de la lectura.
- Efectos pérdida.

Ausente para nuestro ejemplo.

La influencia de las fuentes de incertidumbre de medición, agrupadas en función a las cantidades de entrada sobre el resultado, se puede representar esquemáticamente de una forma más visual llamada "diagrama de espina de pescado" o "diagrama de Ishikawa", que se usa ampliamente en evaluar las causas de determinado problema y su efecto en este. Enfocado en el análisis de incertidumbre, esta herramienta es de mucha utilidad ya que podemos diferenciar las causas de incertidumbre de cada valor de entrada y poder explicar de qué manera influye en la cantidad de salida.

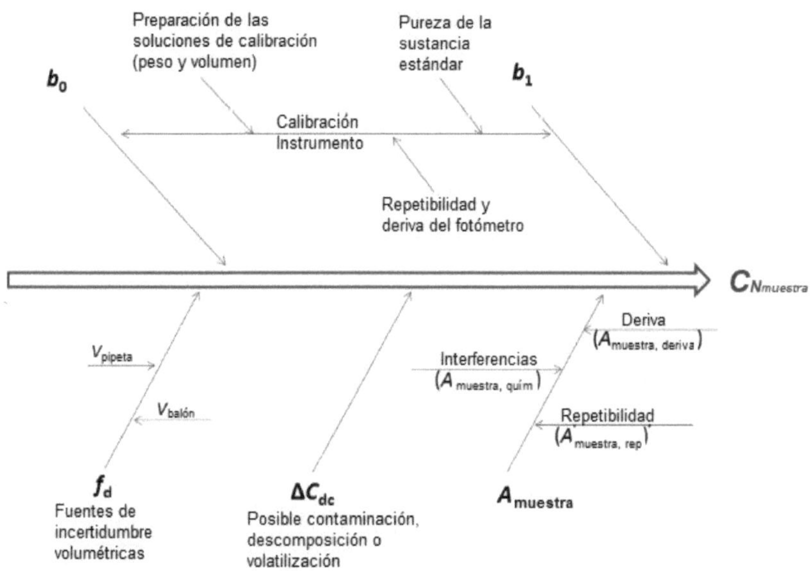

Esquema 15. Diagrama Causa-Efecto: Determinación espectrofotométrica de Amonio en agua.

9.2.4. Paso 4 – Valores de las cantidades de entrada.

Los valores de $A_{muestra}$, b_1, b_0 y f_d se encuentran a partir de los datos medidos (b_1 y b_0 se encuentran a partir del análisis de regresión) y el valor de ΔC_{dc} es cero.

Luego de haber realizado las soluciones estándar, y medir la absorbancia de la curva en contra de un blanco de agua destilada, se obtuvieron los siguientes resultados:

Tabla 4. Datos de absorbancia vs. concentración para la determinación de amonio en agua.

Absorbancia (UA)	**Concentración (mg/l)**
0.055	0.040
0.214	0.200
0.412	0.399
0.600	0.599
0.997	0.998

El ajuste lineal por mínimos cuadrados generó la siguiente curva de calibración, parámetros del ajuste y valor de la interpolación[3]:

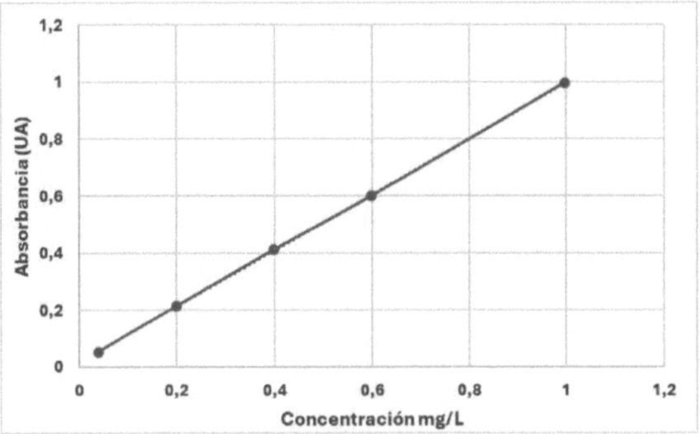

$A = b_1 \cdot C + b_0$			
b_1	0.980934	0.169260	b_0
$s(b_1)$	0.004724	0.002635	$s(b_0)$
r^2	0.999930	0.003522	S_{resid}
S_{xx}	0.555667	3	$g.l$
$A_{muestra}$	0.1860 UA	0.1724 mg/L	C_{int}

[3] Cualquier software estadístico puede brindar todos estos datos de manera automática. MS Excel fue usado para este ejemplo aplicando la función "=ESTIMACION.LINEAL()" al conjunto de datos. Para más información: https://support.microsoft.com/es-es/office/funci%C3%B3n-estimacion-lineal-84d7d0d9-6e50-4101-977a-fa7abf772b6d

9.2.5. Paso 5 - Incertidumbres estándar de las cantidades de entrada.

Según el diagrama de Ishikawa explicado en la sección 9.2.3 se puede tomar en cuenta la incertidumbre de las operaciones de dilución, la absorbancia de la muestra y los parámetros de la estimación lineal como componentes directos a la incertidumbre combinada. Sin embargo, de acuerdo a lo mencionado en el apartado "9.1.3.3. Modelo de medición por regresión lineal", la correlación existente en el modelo de curva de calibración debe tratarse de manera adecuada.

- **La incertidumbre debida a la estimación lineal.**

  Observando el modelo de medición se puede inferir que la ecuación de regresión lineal está implícita en él, por lo que es válido considerar todo ese aporte como un solo componente de acuerdo a la ecuación 9.11:

$$u(C_{int}) = \frac{S_{resid}}{b_1^2} \cdot \sqrt{\frac{1}{p} + \frac{1}{n} + \frac{(C_{int} - \bar{C})^2}{S_{xx}}} = \frac{0.003522}{(0.980934)^2} \cdot \sqrt{\frac{1}{1} + \frac{1}{5} + \frac{(0.1724 - 0.4472)^2}{0.555667}}$$

$$= 0.004231 \frac{mg}{L}$$

  Esta incertidumbre incluye la repetibilidad de la lectura espectrofotométrica dadas las lecturas repetidas que se realizaron en la elaboración de la curva de calibración, además de incluir aportes que pueden deberse a que algún otro compuesto (interferente) que absorbe (o dispersa) la luz en la misma longitud de onda que se usa para la medición (lo que lleva a un aumento del valor de absorbancia) o debido a alguna perturbación en la formación del complejo fotométrico (lo que lleva a una disminución del valor de absorbancia).

  No obstante, como ya se había mencionado anteriormente, esta incertidumbre no incluye aportes inherentes al equipo, los cuales se analizarán a continuación.

- **La incertidumbre debida a el equipo espectrofotométrico.**

  Esta incertidumbre puede establecerse de acuerdo a lo siguiente:

$$u(Equipo) = \sqrt{u(A, rep)^2 + u(A, deriva)^2}$$

La incertidumbre $u(A, rep)$ ya se toma en cuenta en la estimación por curva de calibración. Por lo que nos queda únicamente la del equipo $u(A, deriva)$ que, para nuestro caso, corresponde a lo siguiente:

$$u(Equipo) = u(A, deriva) = 0.0012\ UA$$

Esta incertidumbre es propia del equipo y tiene que ser analizada de forma independiente, y si fuera el caso, se puede incluir una incertidumbre de calibración del equipo y/o de la resolución de la lectura (datos del fabricante).

- **Incertidumbre final de la concentración interpolada.**

En este caso, **SÍ** se consideran los aportes de incertidumbre inherentes al equipo, por lo que utilizamos la ecuación 9.12, se la siguiente manera:

$$u(C) = \sqrt{u(C_{int})^2 + \frac{u(Equipo)^2}{b_1^2}}$$

$$u(C) = \sqrt{\left(0.004231\frac{mg}{L}\right)^2 + \left(\frac{0.0012\ UA}{0.980934\ UA \cdot \frac{L}{mg}}\right)^2} = 0.004583\ mg/L$$

Aquí, $u(C)$ corresponde a la incertidumbre de la concentración interpolada considerando la incertidumbre dada por el equipo y la incertidumbre dada por la estimación lineal. Como se puede observar, el presupuesto de la incertidumbre se encuentra principalmente en la incertidumbre de la interpolación (lo cual es muy común) y es de esperarse, ya que el equipo instrumental debería estar en óptimas condiciones de funcionamiento para unas adecuadas lecturas de estándares y muestras.[4]

- **La incertidumbre debida al factor de dilución.**

La $\boldsymbol{u(f_d)}$ se calcula asumiendo que la incertidumbre estándar combinada relativa de todas las operaciones volumétricas involucradas no es superior al 0,5%. Si las

[4] Si por alguna razón, se observa un aumento en la incertidumbre del equipamiento, es recomendable realizar una investigación previa sobre las causas que generan tal desviación en lugar de aumentar el presupuesto de incertidumbre, ya que este es el paso más crucial y el que normalmente se lleva la mayor proporción del total de la incertidumbre combinada.

operaciones volumétricas se llevan a cabo con cuidado, esta es una suposición segura en las condiciones habituales de laboratorio. Considerando que el valor de f_d es 1.25 (sin unidades) obtenemos lo siguiente:

$$u(f_d) = \frac{1.25 \cdot 0.5\%}{100} = 0.0065$$

- **La incertidumbre por descomposición del analito.**

  La incertidumbre de ΔC_{dc} explica la posible descomposición del complejo fotométrico y la posible contaminación de la muestra. Aquí se enfatiza la palabra "posible": es muy posible que en realidad no haya descomposición del complejo fotométrico ni contaminación de la muestra. Sin embargo, para establecer esto rigurosamente, sería necesaria una investigación exhaustiva. Por lo tanto, en este ejemplo utilizamos una estimación basada en la experiencia de nuestro laboratorio:

$$u(\Delta C_{dc}) = 0.0040 \frac{mg}{L}$$

Finalmente, todas las incertidumbres estándar de las cantidades de entrada se resumen en la siguiente tabla:

Tabla 5. Incertidumbre estándar de las cantidades de entrada del modelo de medición.

Cantidad	Valor	u	Unidad
C_{int}	0.1724	0.004583	mg/L
f_d	1.25	0.0063	-
ΔC_{dc}	0.00	0.0040	mg/l

9.2.5.1. *¿Qué pasa si se considera la correlación del modelo de medición?*

Las incertidumbres estándar de la pendiente b_1 y la intersección b_0 del ejemplo en desarrollo, tendrían que encontrarse como las desviaciones estándar de los respectivos coeficientes de la regresión lineal $s(b_1)$ y $s(b_0)$. Esta es una forma aproximada de tener en cuenta la incertidumbre debida al gráfico de calibración y al análisis de regresión lineal, porque:

a) Se ignora los efectos sistemáticos que afectan a todos los puntos de la línea de regresión (por ejemplo, pesaje y pureza de la sustancia estándar).

b) Se ignora la correlación negativa entre b_1 y b_0 (que siempre existe).

El primero de estos efectos conduce a cierta subestimación de la incertidumbre y el segundo conduce a cierta sobreestimación de la incertidumbre. Por lo tanto, este enfoque sólo debe usarse si es que **NO** se espera que el gráfico de calibración y el análisis de regresión lineal estén entre los principales contribuyentes a la incertidumbre. Esto suele ser válido si la sustancia estándar tiene una alta pureza, si se puede pesar con precisión y si la dispersión de los puntos de datos alrededor del gráfico de calibración no es alta.

9.2.6. Paso 6 - El valor de la cantidad de salida.

El valor de la cantidad de salida (el valor del mensurando) se calcula a partir de los valores de la cantidad de entrada (sección 9.2.4) utilizando el modelo matemático (sección 9.2.2). Sin embargo, dada la discusión previa sobre variables correlacionadas, se puede modificar el modelo de la siguiente forma:

$$C_{N_{muestra}} = \frac{(A_{muestra} - b_0)}{b_1} \cdot f_d + \Delta C_{dc}$$

$$C_{N_{muestra}} = C_{int} \cdot f_d + \Delta C_{dc}$$

$$C_{N_{muestra}} = 0.1724 \cdot 1.25 + 0; \; C_{int} = \frac{(0.1860 - 0.1693)}{0.9809}$$

$$C_{N_{muestra}} = 0.2155 \, mg/l$$

En esta modificación del modelo ya se incluye el componente interpolado C_{int} que, para los siguientes pasos ya se puede considerar como NO correlacionado.

9.2.7. Paso 7 - Incertidumbre estándar combinada.

Recordemos que, para el caso de valores de entrada correlacionados, la expresión de incertidumbre cumple con:

$$u_c(y) = \sqrt{\sum_{i=1}^{n} \left[\frac{\partial Y}{\partial X_i} u(x_i)\right]^2 + \left[2 \sum_{i=1}^{n-1} \sum_{k=i+1}^{n} \frac{\partial Y}{\partial X_i} \cdot \frac{\partial Y}{\partial X_k} u(x_i) u(x_k) r_{ik}\right]}$$

De acuerdo al desarrollo explicado en la sección 9.1.3.3. El modelo puede describirse por valores de entrada no correlacionados[5] de acuerdo al modelo modificado (sección 9.2.6.) obteniéndose:

$$u_c(C_m) = \sqrt{\left[\frac{\partial C_m}{\partial C} \cdot u(C)\right]^2 + \left[\frac{\partial C_m}{\partial f_d} \cdot u(f_d)\right]^2 + \left[\frac{\partial C_m}{\partial \Delta C_{dc}} \cdot u(\Delta C_{dc})\right]^2}$$

Para calcular los coeficientes de sensibilidad se calculan las derivadas parciales respecto al modelo modificado de la siguiente forma:

$$u_c(C_m) = \sqrt{\left(f_d \cdot u(C)\right)^2 + \left(C_{int} \cdot u(f_d)\right)^2 + \left(1 \cdot u(\Delta C_{dc})\right)^2}$$

Los valores de las cantidades de entrada junto con las incertidumbres estándar respectivas generan el siguiente resultado, que corresponde a la incertidumbre combinada de la concentración:

$$u_c(C_m) = \sqrt{(0.005729)^2 + (0.001086)^2 + (0.0040)^2}$$

$$u_c(C_m) = 0.00707\, mg/L$$

9.2.8. Paso 8 - Incertidumbre expandida.

La incertidumbre expandida se puede encontrar en dos niveles diferentes de sofisticación, que varían de acuerdo a la forma de calcular el valor k de la incertidumbre expandida.

- **Primer enfoque:** Este es el enfoque más simple, y utiliza simplemente un valor k preestablecido (generalmente 2) y no se analiza la probabilidad de cobertura real dado que, usando dicho valor se asume que el resultado de la medición sigue una función de distribución normal, generando un valor de incertidumbre expandida de:

$$U(C_m) = 0.00707 \frac{mg}{L} \cdot 2 = 0.014\, mg/L$$

[5] En este caso, el modelo NO deja de ser un modelo correlacionado. Sin embargo, compactar las correlaciones en una nueva variable cuya incertidumbre ya toma en cuenta las correlaciones, es una forma de facilitar los cálculos. Con esto se genera un modelo modificado donde las variables entre sí, no están correlacionadas.

El resultado del análisis se obtiene como:

$$C_{N_{muestra}} = (0.216 \pm 0.014)\, mg/L, \qquad k = 2$$

Este resultado abarca aproximadamente un 95.45 % de probabilidad de cobertura de la distribución.

- **Segundo enfoque:** Este enfoque es más sofisticado y se fundamenta en una aproximación basada en el supuesto de que la función de distribución del resultado puede aproximarse mediante una distribución de Student con un número de grados de libertad efectivos encontrado mediante el llamado método de *Welch-Satterthwaite*. Esto permite obtener un coeficiente de la distribución de Student correspondiente a los grados de libertad efectivos obtenidos por *Welch-Satterthwaite* y a un nivel de confianza específico (probabilidad de cobertura).

  Para este método se calculan los grados de libertad efectivos gl_{ef} en función a: la incertidumbre estándar combinada $u_c(y)$ del resultado, a los componentes de incertidumbre de las variables de entrada $u(x_i)$ y a los coeficientes de sensibilidad junto con los grados de libertad de cada variable de entrada de acuerdo al tipo de incertidumbre (tipo A o B) que esta tenga. Posteriormente, en base a la distribución inversa de Student se obtiene el factor de cobertura k.

  La ecuación del método de *Welch-Satterthwaite* se expresa de la siguiente forma:

$$gl_{ef} = \frac{u_c(y)^4}{\sum_{i=1}^{N} \frac{\left(\frac{\partial Y}{\partial X_i} \cdot u(x_i)\right)^4}{gl_i}} \qquad (9.13)$$

  Aplicando este método en el ejemplo, se obtienen los siguientes grados de libertad efectivos:

$$gl_{ef} = \frac{(0.014)^4}{\frac{(0.005729)^4}{3} + \frac{(0.006179)^4}{\infty} + \frac{(0.0040)^4}{\infty}} = 106.9 \approx 107$$

  El aporte de la interpolación tiene un total de 3 grados de libertad (dados por los pares de datos en la estimación lineal), mientras que los valores del factor de dilución y la posible contaminación tienen valores que tienden al infinito. Esta consideración se realiza dado que la estimación de la incertidumbre tanto para el factor de dilución como para la posible contaminación, son de tipo B, con lo cual no se puede determinar realmente sus grados de libertad, y en ese caso la mejor estimación se da como valores inmensamente grandes. Por otro lado, la incertidumbre de la interpolación viene de un análisis estadístico, es decir, de una estimación de tipo A cuyos grados de libertad son conocidos (ver sección 9.2.4.). Una vez determinados los grados de libertad efectivos, se utiliza la distribución inversa de Student (dos colas) para obtener el factor de cobertura adecuado a un 95% de probabilidad. Así, generando un valor de $k = 1.982$, con incertidumbre expandida de:

$$U(C_m) = 0.014\, mg/L \cdot 1.982 = 0.028\ mg/L$$

Como resultado del análisis se obtiene:

$$C_{N_{muestra}} = (0.216 \pm 0.028)\, mg/L, \qquad k = 1.982$$

Como se puede observar, la diferencia entre el primer y segundo enfoque no es sustancial, esto es debido a que casi todas las variables de entrada fueron estimaciones de tipo B, resultando en grados de libertad efectivos inmensamente altos. Esto conlleva a confirmar lo dicho anteriormente: a mayor cantidad de variables de entrada, mayor semejanza se tiene hacia la distribución normal de los resultados, obviamente siempre y cuando las variables de entrada tengan en su mayoría estimaciones de incertidumbre tipo B.

9.2.9. Paso 9 - Analizando la incertidumbre obtenida.

La proporción de contribución que genera cada variable de entrada respecto a su componente de incertidumbre se puede analizar mediante el **índice de contribución**:

$$Índice(x_i) = \frac{\left(\frac{\partial Y}{\partial X_i} \cdot u(x_i)\right)^2}{u_c(y)^2} \qquad (9.14)$$

Este índice indica la proporción a la cual la incertidumbre de cada valor de entrada influye en la incertidumbre estándar combinada del resultado final. El esquema a continuación indica las fuentes más importantes de incertidumbre del ejemplo trabajado.

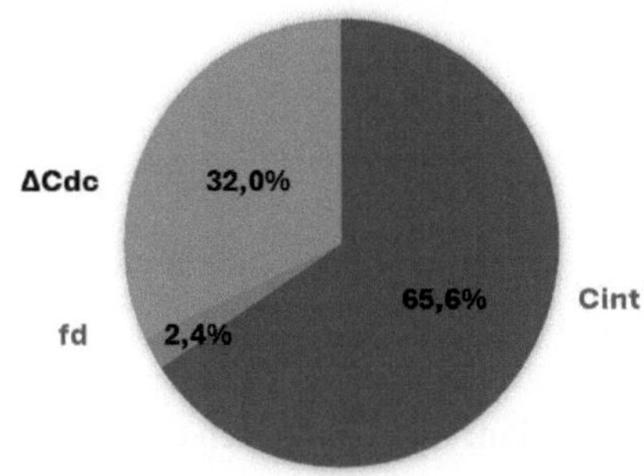

Esquema 16. Porcentaje de contribución de cada fuente de incertidumbre.

Como se observa, las fuentes más importantes de incertidumbre radican en la concentración interpolada y en la posible contaminación. A partir de este punto, ya se pueden tomar decisiones a posteriori, es decir, ya se puede saber en qué componentes concentrarse si el objetivo fuera disminuir la incertidumbre estándar combinada del resultado final.

10. Enfoque basado en datos de validación y control de calidad (enfoque de validación de laboratorio único).

El enfoque de validación de un solo laboratorio, a diferencia del enfoque de modelado ISO-GUM, no profundiza en el procedimiento de medición y no intenta cuantificar todas las fuentes de incertidumbre individualmente. En lugar de ello, las fuentes de incertidumbre se cuantifican en grandes "lotes" mediante componentes que tienen en cuenta una serie de fuentes de incertidumbre. La mayoría de los datos que se utilizan provienen de la **validación del procedimiento analítico** (esta es la razón de la palabra "validación" en el nombre del enfoque), en algunas ocasiones este tipo de enfoque también se denomina "de arriba hacia abajo".

10.1. Principio, ecuación principal, cantidades absolutas y relativas, resumen de la implementación práctica.

En el enfoque Nordtest basa su estructura de acuerdo al esquema 14, y postula que la incertidumbre de medición se debe a dos componentes:

- **El componente de precisión:** Este se toma en cuenta como la **reproducibilidad dentro del laboratorio** (precisión intermedia). Este componente de incertidumbre tiene en cuenta todas las fuentes de incertidumbre que son aleatorias a largo plazo (es decir, varios meses, preferiblemente un año). Por lo tanto, muchas fuentes de incertidumbre que son sistemáticas en un día se volverán aleatorias en el largo plazo[1].

- **El componente de veracidad:** Tomado en cuenta como el **sesgo**. Este componente tiene que ver con los efectos sistemáticos que causan sesgo a largo plazo (pero no aquellos que simplemente causan sesgo dentro de un día determinado). El sesgo a largo plazo puede considerarse como la suma del sesgo

[1] Un ejemplo típico es la titulación en el que se prepara un nuevo valorante semanalmente. En una semana determinada, la concentración del valorante es un efecto sistemático, pero a largo plazo se vuelve aleatoria, porque estarán involucrados muchos lotes de valorante. Un ejemplo igualmente típico es el gráfico de calibración que se prepara diariamente: cada día el posible sesgo en la calibración es un efecto sistemático, pero a largo plazo se vuelve aleatorio.

de procedimiento (sesgo inherente a la naturaleza del procedimiento) y el sesgo de laboratorio (sesgo causado por la forma en que se implementa el procedimiento en el laboratorio).

La ecuación principal del enfoque Nordtest, para la incertidumbre estándar combinada de un resultado de medición es:

$$u_c = \sqrt{{u_{R_W}}^2 + u_{sesgo}^2} \quad (10.1)$$

Aquí $\boldsymbol{u_{R_w}}$ representa el componente de incertidumbre asociado con la reproducibilidad dentro del laboratorio, mientras que $\boldsymbol{u_{sesgo}}$ representa la incertidumbre dada la contribución debida a un posible sesgo sistemático. Es importante destacar que la incertidumbre combinada resultante, $\boldsymbol{u_c}$, no está directamente vinculada a un resultado de medición específico, ya que se calcula utilizando datos históricos de mediciones anteriores.

Por esta razón, la incertidumbre obtenida mediante el enfoque Nordtest no caracteriza un resultado individual, sino que **describe la incertidumbre del procedimiento analítico en su conjunto**. Cuando se requiere determinar la incertidumbre de un resultado específico, esta debe asignarse al resultado en cuestión a partir de su nivel de concentración.

En este contexto, surge la necesidad de decidir cómo expresar la incertidumbre. Puede ser en términos absolutos, es decir, en las unidades de la cantidad medida, o en términos relativos, como una proporción entre la incertidumbre y el valor de la cantidad medida, o incluso como un porcentaje. Esta decisión está intrínsecamente relacionada con el comportamiento de la incertidumbre en función de la concentración del mensurando.

La naturaleza de este comportamiento se ilustra mediante el siguiente esquema, donde se evidencian cómo las diferentes concentraciones del mensurando influyen en la magnitud de la incertidumbre y, en consecuencia, en su representación. Esto es crucial para garantizar que la incertidumbre asignada sea adecuada y proporcional al contexto analítico, facilitando la interpretación y comunicación de los resultados en términos comprensibles y relevantes para las necesidades del usuario final.

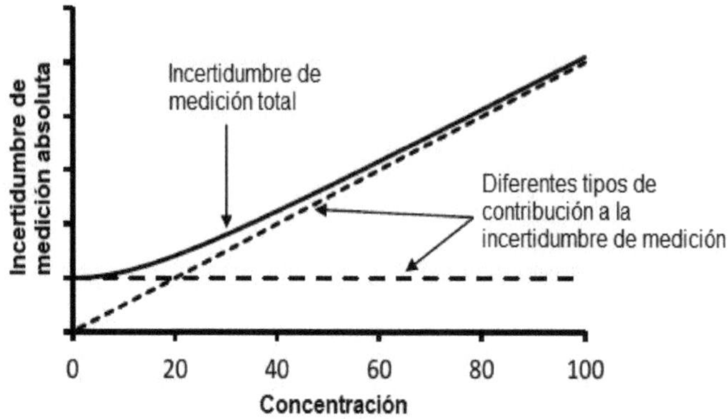

Esquema 17. Relación entre la incertidumbre de medición absoluta y la concentración para varias técnicas analíticas instrumentales.

Es por ello que, establecer la forma en la que se va a expresar la incertidumbre de medición es de suma importancia. Existen dos reglas generales para expresar la incertidumbre:

- ***En concentraciones bajas*:** (cerca del límite de detección, nivel trazas), se usan incertidumbres absolutas (para cálculo y expresión de resultados). La incertidumbre no depende mucho del nivel del analito.

- ***En concentraciones medias a altas*:** se usan incertidumbres relativas (para cálculo y expresión de resultados). La incertidumbre es aproximadamente proporcional al nivel del analito.

Estas reglas se siguen dado que la incertidumbre absoluta y relativa poseen una tendencia específica de acuerdo al nivel de concentración del analito (ver esquema 18). En general, se utiliza la regla que mantenga la incertidumbre lo más constante posible al cambiar la concentración en el rango especificado.

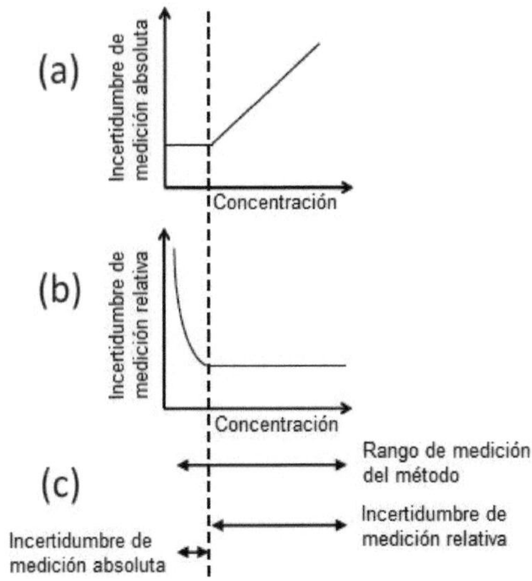

Esquema 18. Relación entre las formas de expresión de la incertidumbre de medición con respecto a la concentración del mensurando.

Es evidente notar que, la incertidumbre de medición absoluta permanece constante en niveles de concentración bajos. Por otro lado, la incertidumbre de medición relativa permanece constante en niveles de concentración medios a altos.

10.1.1. Pasos para la implementación práctica del enfoque.

Las fuentes de error que afectan la posible desviación del valor real de un resultado analítico se pueden describir de acuerdo a cuatro niveles, para un procedimiento individual de un análisis con muestras de cierta matriz, estos se dividen en:

1) **Nivel 1** – Sesgo del método, el error sistemático perteneciente al método de análisis utilizado.

2) **Nivel 2** – El sesgo del laboratorio, el error sistemático de un único laboratorio.

3) **Nivel 3** – Variabilidad del día a día, el error aleatorio que ocurre entre determinaciones repetidas ejecutadas en el laboratorio en diferentes días a lo largo de un amplio periodo de tiempo.

4) **Nivel 4** – La repetibilidad, el error aleatorio que ocurren entre determinaciones ejecutadas entre un corto periodo de tiempo; por ejemplo, la falta de homogeneidad es parte de la repetibilidad.

Estas fuentes de variabilidad se pueden esquematizar de acuerdo a la siguiente figura de escalera:

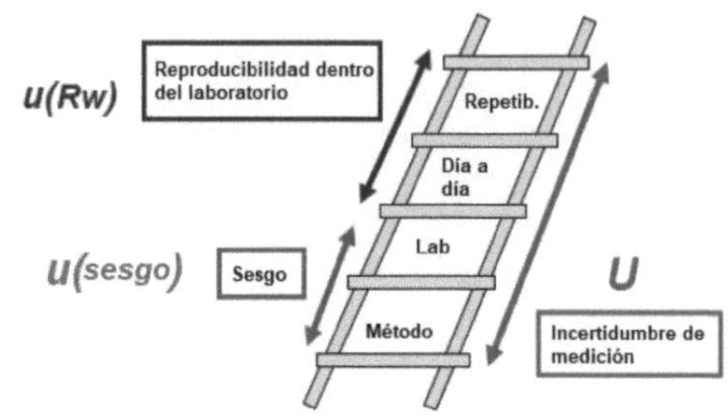

Esquema 19. Escalera de errores en una medición.

La determinación de la incertidumbre consiste normalmente en los cuatro niveles de la escalera, y el proceso para cuantificar todos los componentes se puede dividir en los siguientes pasos:

1) Especificar mensurando, rango, e incertidumbre expandida (U). Decidir si se realizarán los cálculos de forma relativa o absoluta de acuerdo al rango o criterio específico.

2) Cuantificar la precisión como el componente de reproducibilidad dentro del laboratorio u_{R_W}, según el caso que aplique.

3) Cuantificar la veracidad como el componente de sesgo u_{sesgo}, según el caso que aplique.

4) Convertir componentes a incertidumbres estándar $u(x)$, de forma adecuada.

5) Calcular la incertidumbre estándar combinada u_c de acuerdo a la ecuación 10.1.

6) Calcular la incertidumbre expandida U con un factor de cobertura apropiado k.

10.2. Componente de incertidumbre tomando en cuenta efectos aleatorios.

El componente de reproducibilidad dentro del laboratorio (precisión intermedia, s_{R_w}, denominada u_{R_w} en la guía Nordtest) tiene en cuenta todas las fuentes de incertidumbre que son aleatorias a largo plazo (es decir, varios meses, preferiblemente un año). Por lo tanto, muchas fuentes de incertidumbre que son sistemáticas en un día se volverán aleatorias en el largo plazo.

Uno de los puntos clave del enfoque de validación dentro del laboratorio (Nordtest) en la estimación de la incertidumbre es: **tratar de tener en cuenta tantas fuentes de incertidumbre como sea posible a través de efectos aleatorios**. Esta es una ventaja importante del enfoque, porque, por regla general, **la estimación de efectos aleatorios se puede realizar de manera más confiable que la estimación de efectos sistemáticos**. La razón es que para evaluar efectos aleatorios **no** es necesario un valor de referencia, mientras que sí lo es para evaluar efectos sistemáticos (ver sección 10.3).

10.2.1. ¿Cómo encontrar el componente u_{R_w}?

La forma más sencilla de encontrar u_{R_w} es a partir de varias mediciones repetidas de una muestra de control, organizadas p. ej. como gráfico de control, utilizando el método de desviación estándar agrupada (ver sección 6), usando duplicados de muestras a lo largo del tiempo, entre otras.

En forma general, existen tres maneras principales de estimar el componente de reproducibilidad dentro del laboratorio u_{R_w} que corresponden a diferentes escenarios que se explican a continuación.

10.2.1.1. Muestras control que abarquen todo el proceso analítico.

Cuando se dispone de una muestra de control estable que **cubra todo el proceso analítico** y tiene una **matriz similar** a las muestras. La reproducibilidad dentro del laboratorio a ese nivel de concentración puede estimarse simplemente a partir de las mediciones de las muestras de control.

Si las mediciones realizadas cubren un amplio rango de niveles de concentración, y se usaron varias muestras de control a diferentes concentraciones (normalmente un nivel bajo y un alto). Aquí se tiene:

$$u_{R_w} = s_{R_w} \quad (10.2)$$

Donde s_{R_w} es la desviación estándar de los resultados bajo condiciones de reproducibilidad dentro del laboratorio. Para este caso esta desviación estándar también se puede obtener como $s_{agrupada}$, si se utilizan valores procedentes de varias muestras de control.

> Nota: *Cuando se utilizan límites de control (p. e. límites de control objetivo), u_{R_w} se basa en el objetivo utilizado para establecer el límite en el gráfico de control, **NO** sobre el valor de s_{R_w} obtenido. Aquí se tendría:*
>
> $$u_{R_w} = s_{objetivo} \quad (10.3)$$

10.2.1.2. Muestras control y réplicas de muestras de rutina.

Cuando se dispone de una solución de control sintética cuya matriz, en la mayoría de los casos, no es similar a las muestras de rutina, normalmente no se cubre todo el proceso analítico y en muchos casos se usa solo para el control de calidad interno. No es posible obtener el valor de u_{R_w} a partir de varias mediciones repetidas ya que estaríamos obviando el componente inherente de la matriz de la muestra.

Para obtener dicho componente se analiza la repetibilidad en diferentes matrices, realizando un análisis por réplicas del mensurando en varias muestras, de tal forma que se pueda estimar el s_r. Esto proporciona repetibilidad a partir de muestras de prueba que tienen una variación normal de la matriz dada por las sales disueltas y/o partículas en suspensión a diferentes niveles de concentración. Aquí se tiene:

$$u_{R_w} = \sqrt{{s_{R_w}}^2 + {s_r}^2} \quad (10.4)$$

Donde s_{R_w} es la desviación estándar de la solución de control y, s_r es la desviación estándar del replicado (en condiciones de repetibilidad). El cálculo del componente de repetibilidad (s_r) se puede realizar de varias formas. A continuación, se analizan dos acercamientos principales:

a) ***Guía Nordtest:*** Aquí se sugiere realizar análisis por duplicado de varias muestras con la misma matriz y de acuerdo a los niveles de concentración estudiados. El valor de s_r se calcula como una desviación estándar agrupada ($s_{agrupada}$) calculada de las desviaciones estándar $s_1, s_2, \ldots, s_n$ de cada duplicado de muestra. Aquí se tiene:

$$s_r = s_{agrupada} = \sqrt{s_1^2 + s_2^2 + \cdots + s_n^2} \quad (10.5)$$

b) ***Norma ISO-11352:*** Esta norma sugiere obtener s_r como la desviación estándar del promedio de los rangos en una carta de control *R* de por lo menos ocho muestras en cada nivel de concentración. De acuerdo al número de replicados, se puede obtener el valor de s_r de acuerdo a lo siguiente:

$$s_r = \frac{\bar{R}}{d_2} \quad (10.6)$$

Donde $\bar{R}$ corresponde al promedio de los rangos de las muestras replicadas y, d_2 es el factor de cálculo de acuerdo al número de replicados. La siguiente tabla describe los valores que puede tomar el factor d_2:

Tabla 6. Factores para calcular la desviación estándar de la media del rango.

No. de valores en el rango	**Factor d_2**
2	1.128
3	1.693
4	2.059
5	2.326

Cabe mencionar que, el cálculo del rango no es más que la diferencia aritmética entre el valor máximo y el valor mínimo de los replicados de cada muestra por individual, es decir la diferencia máxima que se encuentra entre los replicados realizados.

La elección del acercamiento depende mucho de los datos que se dispongan, como recomendación, si los datos están elaborados en su mayoría por duplicados es mejor utilizar el acercamiento de la guía Nordtest. No obstante, si el laboratorio dispone de un control de calidad basado en cartas de control, es mucho más preciso realizar el acercamiento ISO 11352, dado que normalmente las cartas de control llevan datos con mayor variación y de amplios periodos de tiempo. En general, se debe escoger el acercamiento que no subestime o sobreestime el componente de repetibilidad de la matriz.

10.2.1.3. Muestras de control inestables.

Cuando no se disponga de muestras de control estables, p. ej. para la determinación de oxígeno disuelto en agua, el componente de incertidumbre u_{R_w} puede ser calculado a partir del valor de s_r y de un componente adicional llamado *"variabilidad entre lotes de medición"* $s_{r,lot}$, que es un componente adicional que toma en cuenta la variabilidad que existe a lo largo del tiempo entre lotes de medición. De esta forma se tiene:

$$u_{R_w} = \sqrt{s_r^2 + s_{r,lot}^2} \qquad (10.7)$$

Obtener el componente de variación entre lotes $s_{r,lot}$ suele ser complicado si no se disponen de datos en amplios periodos de tiempo, donde se pueden diferenciar lotes de medición y se pueda estimar una variabilidad adecuada. A falta de esto se requieren otros procedimientos de estimación que, en muchos casos, recaen en el juicio científico basado en la experiencia del analista.

10.2.2. ¿Cuántos valores debería tomar en cuenta para u_{R_w}?

El número de valores utilizados para la evaluación de u_{R_w} debe ser suficientemente grande como para abarcar los escenarios previamente analizados. Por otro lado, se puede obtener una estimación inicial de u_{R_w} con 10 a 15 valores, pero posteriormente se deben recopilar más datos. Aún más importante, el período durante el cual se recopilan los datos debe ser lo suficientemente amplio (al menos varios meses, preferiblemente alrededor de un año) para que se tengan en cuenta todas las fuentes de variabilidad en el procedimiento.

Por lo tanto, hablar de 10 valores recopilados durante un período de cinco meses es una mejor opción que 20 valores recopilados durante 1.5 meses. Si las mediciones se realizan con la misma muestra de control (escenario *10.2.1.1.*), entonces debe estar disponible en cantidad suficiente y debe ser estable durante un amplio período de tiempo. La Tabla 2 de la sección 6 ofrece una descripción general compacta de los requisitos de la determinación de u_{R_w} o en otras palabras s_{R_w}.

10.3. Componente de incertidumbre tomando en cuenta efectos sistemáticos.

Es importante que, cuando se desarrolla un método analítico, todas las fuentes conocidas de sesgo en el método y su alcance, deben ser investigadas y de ser posible eliminadas. Sin embargo, en muchos casos los métodos desarrollados pueden tener aún sesgo que puede variar dependiendo de cambios en la matriz y concentración. Corregir cualquier sesgo observado frente a alguna referencia **no es recomendable**, cualquier sesgo observado puede ser tratado como un componente de la incertidumbre. Por ello, el componente u_{sesgo} tiene en cuenta el *posible sesgo* del procedimiento de medición en el laboratorio.

Determinar de manera confiable el sesgo del procedimiento no es fácil por las siguientes razones:

a) Si los efectos aleatorios son fuertes, entonces se necesita una gran cantidad de mediciones, ya que cuando se realiza un número limitado de mediciones, la estimación del sesgo siempre contendrá una contribución de efectos aleatorios, lo que hará que la estimación del sesgo sea artificialmente mayor.
Es más, el procedimiento pueda que no tenga sesgo y este se confunda por la gran contribución de los efectos aleatorios.

b) Incluso con matrices formalmente similares, el sesgo puede diferir en magnitud al igual que en signo (por ejemplo, al determinar pesticidas en diferentes variedades de manzanas, determinar residuos de medicamentos en el plasma sanguíneo de diferentes pacientes, etc.).
Esto significa que, habiendo determinado el sesgo en una variedad de manzanas, este sesgo no es automáticamente aplicable a otra variedad y se puede hablar de la incertidumbre que surge al aplicar el sesgo a otra variedad.

c) El sesgo **siempre** se determina frente a un valor de referencia, que también tiene una incertidumbre asociada.

Por eso se habla de ***posible sesgo***, ya que nuestro conocimiento sobre este es limitado, y el componente de incertidumbre u_{sesgo} es el que cuantifica dicho desconocimiento.

10.3.1. ¿Cómo obtener u_{sesgo}?

De forma matemática, el sesgo se refiere a la diferencia entre el valor medido (por el laboratorio) con un valor de referencia. Por tanto, para encontrar u_{sesgo} es necesaria una muestra o un material con un valor de referencia, es decir, un valor conocido y con una incertidumbre asignada (normalmente se necesita un material de referencia certificado) para una correcta asignación.

Para la determinación del sesgo se pueden utilizar diversos materiales con valores de referencia asignados, algunos materiales de referencia (MR) comerciales, materiales de referencia procedentes de muestras control, *proficiency test* (PT), comparaciones interlaboratorio (intercomparaciones), etc.

En términos generales, existen cuatro posibilidades diferentes para determinar la u_{sesgo}:

Tabla 7. Diferentes formas de determinar u_{sesgo} con pros y contras.

Posibilidad de determinar	**Pro**	**Contra**
Analizando la muestra con un procedimiento de análisis de referencia.	El sesgo se puede determinar de forma muy fiable, porque el sesgo determinado corresponde al sesgo con exactamente la misma matriz de muestra que la de la muestra real.	Generalmente resulta muy difícil encontrar un procedimiento de referencia adecuado. Por lo tanto, esta posibilidad no se utiliza con frecuencia en los laboratorios de rutina.
Material de referencia certificado (MRC)[1]	El sesgo se puede determinar de una manera muy confiable, porque los valores de referencia de los MRC son generalmente muy veraces.	La disponibilidad de materiales de referencia certificados es limitada y sus matrices suelen ser más homogéneas que en el caso de muestras reales, lo que da lugar a estimaciones sesgadas y algo optimistas.

[1] En términos simplificados, el material de referencia certificado es un material en el que se conoce de forma fiable el contenido del analito (o analitos) (el material tiene un certificado). Si la matriz del material de referencia certificado es similar a muestras reales (es decir, no es un compuesto puro o una solución, sino que es, por ejemplo, leche en polvo, tierra o plasma sanguíneo), entonces lo llamamos material de referencia de matriz certificado.

Usando muestras de comparaciones interlaboratorio, como muestras de referencia (PT).	A menudo se puede utilizar en laboratorios de rutina, porque estos suelen participar en comparaciones interlaboratorios con los procedimientos que utilizan en su trabajo diario.	Los valores de referencia se derivan en su mayoría de los resultados de los participantes y, por lo tanto, tienen una confiabilidad baja (alta incertidumbre). Esto lleva a una u_{sesgo} sobreestimada.
Usando estudios de recuperación en muestras fortificadas (*spiking*).	Se puede realizar en el laboratorio y con muestras reales, coincidiendo así exactamente con la matriz deseada.	El principal problema en la determinación del sesgo mediante fortificación es dispersar el analito en la muestra de la misma manera que el analito nativo en la muestra. En el caso de matrices no homogéneas esto puede resultar muy difícil.

Para la determinación del sesgo, también es fundamental incluir la preparación de la muestra, proceso el cual es muy importante dado que su incorrecta ejecución afectaría globalmente a todas las demás fuentes de incertidumbre.

Por otro lado, es necesario realizar el mayor número posible de mediciones repetidas para separar el sesgo de los efectos aleatorios de la manera más eficiente posible. El sesgo generalmente cambia de una matriz a otra y normalmente es diferente en diferentes niveles de concentración. Por tanto, es importante utilizar varios MRC, comparaciones interlaboratorio, PT, etc., de tal forma que el valor de referencia sea ampliamente confiable, y su influencia sea mínima en el valor del u_{sesgo} estimado.

Dejando fuera el caso de la determinación del u_{sesgo} mediante un procedimiento de análisis de referencia, las formas de calcular la incertidumbre de acuerdo a la tabla 7 se explican más adelante.

10.3.1.1. Análisis con materiales de referencia adecuados (MRC).

Los resultados de analizar materiales de referencia adecuados, pueden ser utilizados para estimar el componente de incertidumbre asociado al sesgo del laboratorio, siempre y cuando exista un mínimo de seis lotes de análisis en un periodo de tiempo adecuado (mientras mayor sea el número de análisis es mucho mejor).

La incertidumbre del material de referencia se puede obtener a partir del certificado dado por el proveedor, valor el cual es indispensable convertir a incertidumbre estándar $\boldsymbol{u_{C_{ref}}}$ (p. ej. dividiendo el factor de cobertura). Además, es importante el uso de varios materiales de referencia que abarquen todo el alcance del método analítico (diferentes matrices y niveles). En el caso de utilizar un único material de referencia la incertidumbre puede estar subestimada.

Matemáticamente el sesgo se define como la diferencia entre el valor obtenido por el laboratorio (en promedio) y el valor asignado del material de referencia (ver ecuación 10.8). Si se usan **varios materiales de referencia**, se obtienen diferentes valores de sesgo que se utilizan para obtener la raíz de la media cuadrática del sesgo $\boldsymbol{RMS_{sesgo}}$ de la siguiente forma:

$$sesgo_i = \overline{C_{lab\,i}} - C_{ref\,i} \qquad (10.8)$$

$$RMS_{sesgo} = \sqrt{\frac{\sum_{i=1}^{n}(sesgo_i)^2}{n}} \qquad (10.9)$$

Como se mencionó anteriormente, al utilizar varios materiales de referencia, estos tienen varios valores de incertidumbre, por lo que es necesario determinar un valor de $\boldsymbol{u_{C_{ref}}}$ estándar promedio de los valores asignados de los materiales de referencia utilizados, esto se calcula de la siguiente manera:

$$\bar{u}_{C_{ref}} = \sqrt{\frac{\sum_{i=1}^{n} u_{C_{ref,i}}{}^2}{n}} \qquad (10.10)$$

Finalmente, el componente de incertidumbre del sesgo del laboratorio se calcula como:

$$u_{sesgo} = \sqrt{RMS_{sesgo}^2 + \bar{u}_{C_{ref}}^2} \qquad (10.11)$$

Si existiera el caso en el que los valores individuales del sesgo y las incertidumbres de los materiales de referencia varíen significativamente, es necesario estimar la incertidumbre en rangos separados.

¿Y si se usa un único MRC?

En el caso especial donde se llevan a cabo varias determinaciones de sesgo utilizando un único MRC, la ecuación 10.10 se modifica de la siguiente forma:

$$u_{sesgo} = \sqrt{(sesgo)^2 + \frac{s_{sesgo}^2}{n} + u_{C_{ref}}^2} \qquad (10.12)$$

Donde s_{sesgo} es la desviación estándar de las medidas repetidas del material de referencia y n es el número de mediciones realizadas del material de referencia.

10.3.1.2. Participación en intercomparaciones o PT.

Los resultados de las participaciones en comparaciones interlaboratorio o *proficiency-test* (PT) pueden ser utilizados de la misma manera que los resultados de los materiales de referencia en el cálculo de la incertidumbre del sesgo. Si se asume que el valor asignado en la intercomparación es una estimación lo suficientemente buena para el valor verdadero, el **valor asignado** se convierte en el valor de referencia, y los cálculos proceden de acuerdo a los siguientes ajustes:

$$D_i = \overline{C_{lab\,\iota}} - C_{asignado\,i} \qquad (10.13)$$

$$RMS_D = \sqrt{\frac{\sum_{i=1}^{n}(D_i)^2}{n_{CIL}}} \qquad (10.14)$$

En este caso, el valor asignado o **consensuado** de la intercomparación o PT, se convierte en el valor del material de referencia, y el RMS_D involucra las diferencias cuadráticas contra el valor asignado y el número de comparaciones interlaboratorio realizadas n_{CIL}.

Como se mencionó anteriormente, usar varias intercomparaciones o PT, arroja varios valores de incertidumbre del material de referencia. Por ello, es necesario obtener una incertidumbre promedio del material de referencia $\bar{u}_{C_{ref}}$ que viene dado por:

$$\bar{u}_{C_{ref}} = \sqrt{\frac{\sum_{i=1}^{n} u(C_{ref\,i})^2}{n_{CIL}}} \qquad (10.15)$$

El valor $u_{C_{ref},i}$ corresponde a la incertidumbre de cada material de referencia usado en la -ésima intercomparación realizada. Este valor se obtiene por medio de la **asignación del proveedor** (mediante rangos, desviación estándar del método, *z-score*, etc.) o por **consenso entre los participantes** de acuerdo a la siguiente ecuación:

$$u_{C_{ref},i} = \frac{s_{R,i}}{\sqrt{n_{p,i}}} \quad (10.16)$$

Donde $\boldsymbol{s_{R,i}}$ corresponde a la desviación estándar de los resultados de los laboratorios participantes (previa eliminación de datos dudosos) y $n_{p,i}$ el número de participantes para la i-ésima intercomparación realizada.

*Nota: Si de acuerdo al informe de resultados de la intercomparación se menciona que los cálculos del valor consensuado se elaboraron mediante una **media** o **mediana robusta** el cálculo de la incertidumbre en la ecuación 10.16 cambia a lo siguiente:*

$$u_{C_{ref},i} = 1.25\frac{s_{R,i}}{\sqrt{n_{p,i}}} \quad (10.17)$$

Es mandatorio participar en un mínimo de 6 intercomparaciones para obtener estimaciones adecuadas en este tipo de esquema. Sin embargo, mientras mayor sea la cantidad de resultados es mucho mejor para el cálculo.

Finalmente, la incertidumbre del sesgo se obtiene nuevamente empleando la ecuación (10.11).

10.3.1.3. Estudios de recuperación en muestras fortificadas (spiking).

Los experimentos de fortificación consisten en estimar la recuperación de una cantidad conocida de analito previamente añadida a la muestra. Este método también puede utilizarse como un indicador de sesgo, en ese caso, la incertidumbre asociada al sesgo del método y del laboratorio, u_{sesgo}, se compone de dos elementos: uno es la diferencia entre la recuperación observada y la recuperación completa del analito, y el otro es la incertidumbre de la concentración del analito añadido.

Los experimentos de fortificación deben ser ejecutados con un mínimo de seis muestras diferentes por cada matriz y nivel de estudio. Y la incertidumbre estándar asociada con el sesgo del método y laboratorio u_{sesgo}, se calcula se la siguiente forma:

$$u_{sesgo} = \sqrt{RMS^2_{recup} + u^2_{C_{add}}} \qquad (10.18)$$

Los componentes de raíz de la media cuadrática del sesgo e incertidumbre del material de referencia cambian de la siguiente forma:

$$rec_i = Rec_i - \overline{Rec} \qquad (10.19)$$

La recuperación i-ésima se evalúa como la diferencia entre la fracción recuperada de la muestra y el promedio de la fracción recuperada de todas las muestras analizadas. Además, la raíz de la media cuadrática de las recuperaciones individuales, que se obtiene como:

$$RMS_{rec} = \sqrt{\frac{\sum_{i=1}^{n}(rec_i)^2}{n_{rec}}} \qquad (10.20)$$

Donde n_{rec} representa el número de muestras fortificadas cuya recuperación fue evaluada.

Por otro lado, la fortificación se realiza generalmente mediante la adición de un volumen usando un material volumétrico, lo cual introduce una contribución a la incertidumbre asociada a dicho material. Esta contribución se analizó en detalle en la sección 4., y la incertidumbre relacionada con el volumen añadido se denota como u_V. Adicionalmente, si la solución utilizada en los experimentos de recuperación es un material de referencia certificado, la incertidumbre de la concentración se obtiene de su certificado, mientras que, si la solución se prepara en el laboratorio, se debe considerar la incertidumbre del material volumétrico empleado (material de vidrio, micopipetas, etc.). Tal aporte se denota como $u_{C_{ref}}$ e incluye todos los componentes inherentes al material de referencia y al material volumétrico utilizado para su preparación. Es importante recordar que los aportes a la incertidumbre en este esquema, son de tipo aditivos (se aplica ISO-GUM).

El componente de incertidumbre correspondiente a la concentración añadida es:

$$u_{C_{add}} = \sqrt{u^2_V + u^2_{C_{ref}}} \qquad (10.21)$$

10.4. Enfoque Nordtest en la práctica: Determinación de Acrilamida en snacks mediante LC-MS.

Para poner en práctica el enfoque de un único laboratorio (Nordtest), trabajaremos con el ejemplo de análisis de acrilamida en pan crujiente y papas fritas por LC-MS.

Algunos aspectos a considerar en este ejemplo son los siguientes:

a) Se utilizan incertidumbres relativas, ya que las concentraciones en estas muestras son relativamente altas, y en el análisis por LC-MS la variabilidad de los resultados suele ser aproximadamente proporcional a los valores obtenidos.

b) Se asume que las matrices de los materiales de referencia certificados (MRC) utilizados (papas fritas y pan crujiente), son suficientemente similares. Esto implica que, tanto la reproducibilidad como el sesgo obtenido en estas matrices pueden considerarse equivalentes. Por lo tanto, la incertidumbre calculada puede aplicarse a ambas matrices. Sin embargo, si analizamos una matriz distinta, no podríamos aplicar directamente esta estimación de incertidumbre al nuevo resultado. La evaluación de si una nueva matriz es suficientemente similar a las utilizadas previamente suele basarse en la experiencia.

c) La incertidumbre estimada $u_{c,rel}$ que hemos obtenido es una incertidumbre relativa, por lo que se asigna a un resultado C_A mediante la siguiente fórmula:

$$u_c(C_A) = C_A \cdot \frac{u_{c,rel}}{100\%} \quad (10.22)$$

d) Este ejemplo es un caso que abarca idealmente los puntos 10.2.1.1. y 10.3.1.1. para obtener las contribuciones aleatorias y sistemáticas dados por el enfoque de un único laboratorio.

En principio la incertidumbre a obtener en este ejemplo se puede asignar a un resultado de cualquier magnitud, sin embargo, no sería correcto aplicar esta incertidumbre a resultados de análisis muy diferentes al aquí presentado. La diferencia no debe ser superior a 3-4 veces. Cuando utilizamos el enfoque Nordtest para la estimación de la incertidumbre, en general podemos suponer que el número de grados de libertad es lo suficientemente grande como para que se pueda presumir que la incertidumbre expandida con $k = 2$ tiene aproximadamente una probabilidad de cobertura del 95%.

10.4.1. Información determinada por el laboratorio.

a) ***Concentración de acrilamida encontrada por el laboratorio:*** $998\ ug/kg$

b) ***Materiales de referencia certificados disponibles:*** MRC de papas fritas y pan crujiente, además se tiene cantidad suficiente de MRC de pan crujiente para analizar a lo largo de un amplio periodo de tiempo (muestra control).

10.4.2. Información de los materiales de referencia (MRC).

MRC	**Valor asignado**	**Incertidumbre Expandida**	**Unidades**	**Factor de cobertura, distribución**
Papas fritas	1179	68	$\mu g/kg$	2, normal
Pan crujiente	860	42	$\mu g/kg$	2, normal

10.4.3. Análisis de los MRC en el laboratorio.

Pan crujiente		**Papas fritas**	
Días	**C ($\mu g/kg$)**	**Días**	**C ($\mu g/kg$)**
05.01.2022	1172	03.04.2022	845
06.03.2022	1186	03.04.2022	832
03.04.2022	1153	03.04.2022	802
08.01.2023	1151	27.04.2022	829
18.03.2023	1181	27.04.2022	851
03.04.2023	1147	27.04.2022	834
11.04.2023	1097	**Media**	832
16.04.2023	1102	**Desv. Est.**	17
25.04.2023	1162		
03.08.2023	1138		
28.08.2023	1122		
27.11.2023	1191		
Media	1150		
Desv. Est.	31		

10.4.4. Determinación del componente $\mathbf{u}(R_w)$.

Para determinar el componente de aleatoriedad nos ajustamos al punto 10.2.1.1., donde se estima el s_{R_w} como la desviación estándar de los datos del MRC (muestra control) de pan crujiente que tiene el periodo de tiempo de alrededor de dos años.

$$u(R_w) = s_{R_w} = 31\ \mu g/kg$$

$$u(R_w)_{rel} = \frac{u(R_w)}{\bar{C}} \cdot 100 = \frac{31\ \mu g/kg}{1150\ \mu g/kg} \cdot 100 = 2.70\ \%$$

10.4.5. Determinación de $\mathbf{u}(sesgo)$.

En primer lugar, procedemos a estimar la raíz de la media cuadrática del sesgo, de acuerdo al apartado 10.3.1.1., donde tomamos en cuenta los dos MRC analizados (pan crujiente y papas fritas).

$$sesgo_{1,rel} = \frac{1150 - 1179}{1179} \cdot 100 = -2.45\%$$

$$sesgo_{2,rel} = \frac{832 - 860}{860} \cdot 100 = -3.24\%$$

$$RMS_{sesgo,rel} = \sqrt{\frac{(2.45)^2 + (3.24)^2}{2}} = 2.87\%$$

Posteriormente, de acuerdo a la información dada por los materiales de referencia, se procede a determinar la incertidumbre estándar promedio:

$$u_{C_{ref1}} = \frac{U_1}{k} = \frac{68\ \mu g/kg}{2} = 34\frac{\mu g}{kg} \rightarrow u_{C_{ref},rel} = \frac{u_{C_{ref1}}}{C_1} \cdot 100 = \frac{34\ \mu g/kg}{1179\ \mu g/kg} \cdot 100 = 2.88\%$$

$$u_{C_{ref2}} = \frac{U_2}{k} = \frac{42\ \mu g/kg}{2} = 21\frac{\mu g}{kg} \rightarrow u_{C_{ref2,rel}} = \frac{u_{C_{ref2}}}{C_2} \cdot 100 = \frac{21\ \mu g/kg}{860\ \mu g/kg} \cdot 100 = 2.44\%$$

$$\bar{u}_{C_{ref},rel} = \sqrt{\frac{(2.88)^2 + (2.44)^2}{2}} = 2.67\%$$

Finalmente, combinando los dos aportes anteriores se obtiene la incertidumbre relativa del sesgo:

$$u_{sesgo,rel} = \sqrt{\left(RMS_{sesgo,rel}\right)^2 + u_{C_{ref},rel}^2} = \sqrt{(2.87)^2 + (2.67)^2}$$

$$u_{sesgo,rel} = 3.92\%$$

10.4.6. Determinación de la incertidumbre relativa de concentración.

Combinando los efectos aleatorios y sistemáticos se obtiene lo siguiente:

$$u_{c,rel} = \sqrt{u_{R_w,rel}^2 + u_{sesgo,rel}^2} = u_{c,rel} = \sqrt{(2.70)^2 + (3.92)^2}$$

$$u_{c,rel} = 4.8\%$$

$$U_{rel} = 9.6\%, k = 2$$

Finalmente, el resultado declarado junto con su incertidumbre expandida absoluta (considerando $k = 2$) tiene el siguiente valor: $998\,\mu g/kg \pm 9.6\%$. Expresándolo en forma absoluta sería:

$$C_{acrilamida} = (998 \pm 9.6)\mu g/kg,\ \ (k = 2, norm)$$

11. Comparación de enfoques.

De manera general, aunque los métodos para estimar la incertidumbre se basen en el modelo ISO-GUM, este enfoque suele ser poco práctico para el trabajo diario en laboratorios de rutina que procesan grandes lotes de muestras diversas. En estos casos, es recomendable optar por uno de los llamados **enfoques de laboratorio único**, siempre que sea posible.

Además de los dos enfoques revisados en este texto, existen otros métodos menos detallados y más generales, conocidos como **enfoques interlaboratorios**. Estos son útiles únicamente para obtener estimaciones aproximadas de la incertidumbre. Su uso se recomienda únicamente cuando el laboratorio aún no ha implementado la medición en cuestión y desea tener una idea preliminar de la incertidumbre que podría esperar.

En laboratorios con la capacidad y los recursos necesarios para investigar a fondo sus procedimientos analíticos y mantener un estricto control metrológico de su material, equipos e instrumentos, el **enfoque de modelado** es una opción adecuada. Por otro lado, si el laboratorio enfrenta limitaciones de tiempo debido a su carga de trabajo, pero cuenta con datos de validación y control de calidad (como cartas de control), entonces el **enfoque de validación en un solo laboratorio** es el más práctico y eficiente.

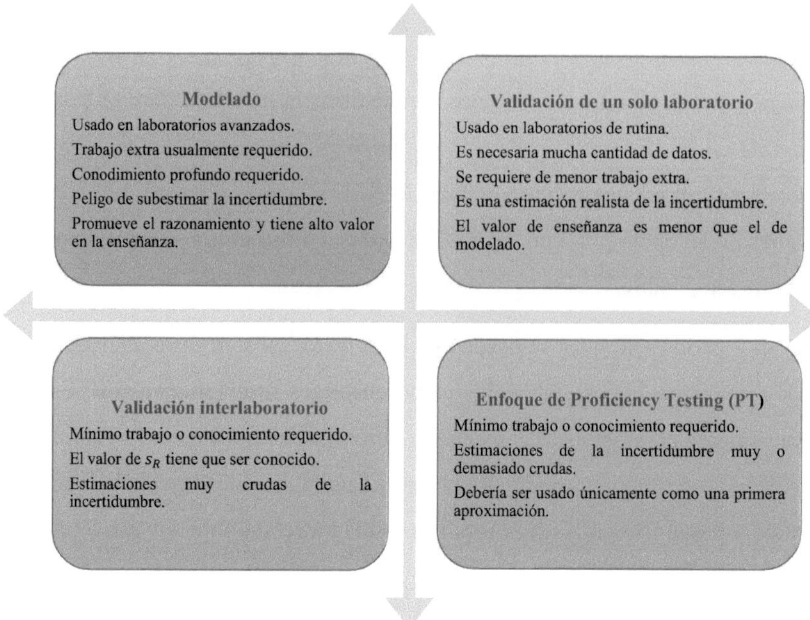

Esquema 20. Comparación de los enfoques de estimación de la incertidumbre de la medición.

Anexos

A1. Ejemplos de aplicación de los modelos de estimación de la incertidumbre.

A.1.1. Enfoque ISO-GUM, ejemplos.

A.1.1.1. Determinación de incertidumbre de medición de la acidez de una muestra por titulación con KOH.

Problema.

La acidez (expresada como concentración de iones H^+ en mol/L) de un líquido ácido (muestra) se mide mediante titulación con solución de KOH utilizando fenolftaleína como indicador. Se titulan alícuotas de $10\,mL$ del líquido. El líquido se mide utilizando una pipeta de $10\,mL$. La incertidumbre de la pipeta (teniendo en cuenta todos los componentes de incertidumbre) es de $\pm\,0.06\,ml$. La titulación se realizó 5 veces y los volúmenes de titulante consumidos fueron (todos en mL): 12.35, 12.54, 12.21, 12.49 y 12.29.

En este caso, es seguro asumir que la incertidumbre del volumen de titulante se origina de dos fuentes: repetibilidad e incertidumbre debido al posible efecto sistemático de encontrar el punto final. Esta última se estima en $\pm\,0.15\,mL$. La concentración del titulante se determinó previamente en el laboratorio y es $(0.1230\,\pm\,0.0015)\,mol/L;\; k\,=\,2, normal.$

Halle la acidez del líquido investigado y la incertidumbre expandida ($k\,=\,2$).

Solución:

Los componentes de incertidumbre de $c(H^+)$ son: volumen de la muestra pipeteada ($u(V_{muestra})$), volumen del titulante ($u(V_{KOH})$) y concentración del titulante ($u(c_{KOH})$). El modelo matemático es:

$$c(H^+) = \frac{V_{KOH} \cdot c_{KOH}}{V_{muestra}}$$

La incertidumbre del volumen del líquido pipeteado tiene un solo componente que incluye todos los factores que contribuyen a la incertidumbre y se encuentra como $\pm\ 0.06\ ml$. Es seguro asumir que la distribución es rectangular y que la incertidumbre estándar correspondiente se encuentra de la siguiente manera:

$$u(V_{muestra}) = \frac{0.06\ mL}{\sqrt{3}} = 0.03\ mL$$

La incertidumbre del volumen de titulación tiene dos componentes: incertidumbre debida a la repetibilidad e incertidumbre debida al posible efecto sistemático de encontrar el punto final. La repetibilidad se puede encontrar como la desviación estándar de la media de los resultados de la titulación.

$$u(V_{KOH}, Rep) = \frac{s}{\sqrt{n}} = \frac{0.1347\ mL}{\sqrt{5}} = 0.06145\ mL$$

El punto final se estima en $\pm 0.15\ mL$ y la forma más segura es asumir una distribución rectangular, por lo que:

$$u(V_{KOH}, p.f) = \frac{\pm 0.15\ mL}{\sqrt{3}} = 0.087\ mL$$

Al combinar estas estimaciones obtenemos:

$$u(V_{KOH}) = \sqrt{u(V_{KOH}, Rep)^2 + u(V_{KOH}, p.f)^2} = \sqrt{(0.06145)^2 + (0.087)^2} = 0.11\ mL$$

La concentración del titulante se expresa como una incertidumbre expandida con un factor de cobertura de 2. Por lo tanto, para encontrar la incertidumbre estándar, simplemente dividimos la incertidumbre expandida por el factor de cobertura y obtenemos:

$$u(c_{KOH}) = \frac{0.0015\ mol/L}{2} = 0.00075\ mol/L$$

Dado que el modelo solo contiene multiplicaciones y divisiones, se puede utilizar la siguiente fórmula (que combina las incertidumbres estándar relativas de las cantidades de entrada) para calcular la incertidumbre estándar combinada:

$$u(c(H^+)) = c(H^+) \cdot \sqrt{\left(\frac{u(V_{KOH})}{V_{KOH}}\right)^2 + \left(\frac{u(V_{muestra})}{V_{muestra}}\right)^2 + \left(\frac{u(c_{KOH})}{c_{KOH}}\right)^2}$$

El valor de concentración de acidez en la muestra $c(H^+)$ es de:

$$c(H^+) = \frac{12.38\, mL \cdot 0.1230 \frac{mol}{L}}{10\, mL} = 0.1523 \frac{mol}{L}$$

Por lo tanto, el valor con su incertidumbre se obtiene de la siguiente forma:

$$u(c(H^+)) = \left(0.1523 \frac{mol}{L}\right) \cdot \sqrt{\left(\frac{0.11\, mL}{12.38\, mL}\right)^2 + \left(\frac{0.03\, mL}{10\, mL}\right)^2 + \left(\frac{0.00075 \frac{mol}{L}}{0.1230 \frac{mol}{L}}\right)^2} = 0.0017 \frac{mol}{L}$$

$$c(H^+) = (0.1523 \pm 0.0034) \frac{mol}{L}; k = 2, normal$$

A.1.1.2. Determinación de la incertidumbre de medición en la preparación de una solución de un compuesto estándar.

Problema.

Se preparó una solución de una sustancia estándar (KIO_3, ver la imagen) pesando $0.21500\ g$ de KIO_3 en un matraz aforado de $100\ mL$ (ver la imagen) en el laboratorio, cuya temperatura no difiere de $20°C$ en más de $\pm 3°C$. La incertidumbre al llenar el matraz no es mayor que ± 1 gota (el volumen de la gota es aproximadamente $0.03\ mL$). La desviación estándar de repetibilidad de la balanza utilizada (con 5 decimales) fue de $0.00021\ g$. La incertidumbre debida a la calibración, deriva y linealidad de la balanza se considera insignificante. ¿Cuál es la concentración de la solución (en unidades de g/L) y su incertidumbre estándar combinada? El resultado y la incertidumbre deben presentarse con cuatro decimales y el redondeo debe realizarse en el último dígito.

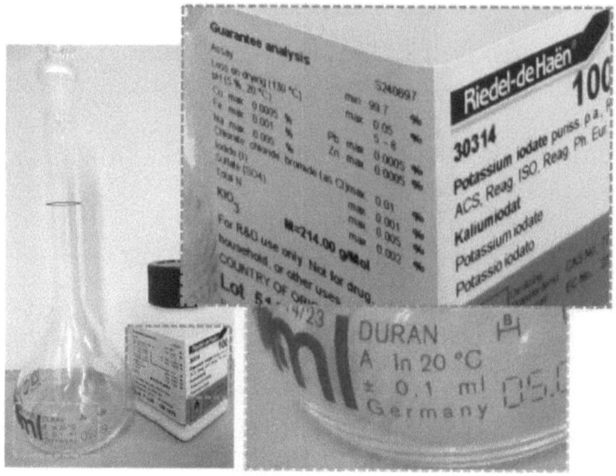

Solución:

Los componentes de incertidumbre de $c(KIO_3)$ son: pureza del KIO_3 (u_{pureza}), masa del KIO3 (u_{masa}) y volumen de la solución ($u_{volumen}$). Debido a que el modelo solo contiene multiplicaciones y divisiones, se puede utilizar la siguiente fórmula (que combina las incertidumbres estándar relativas de las cantidades de entrada) para calcular la incertidumbre estándar combinada:

$$c(KIO_3) = \frac{m_{KIO_3}}{V_{balón}} \cdot Pureza$$

$$u(c(KIO_3)) = c(KIO_3) \cdot \sqrt{\left(\frac{u_{masa}}{m_{KIO_3}}\right)^2 + \left(\frac{u_{volumen}}{V_{balón}}\right)^2 + \left(\frac{u_{pureza}}{Pureza}\right)^2}$$

La pureza mínima (que se ve en la imagen) del KIO_3 se ha determinado como 99.7%, por lo que se puede suponer que la pureza real está en el rango de $99.7\% - 100\%$. Como no tenemos información sobre la distribución de probabilidad de pureza dentro de ese rango, tomamos el valor medio del rango 99.85% como la pureza más probable y asumimos la distribución rectangular (la suposición más segura) y utilizamos la mitad del ancho del rango $\pm 0.15\%$ como estimación de incertidumbre.

Para convertirlo a incertidumbre estándar, se divide el 0.15% por la raíz cuadrada de tres, lo que da como resultado:

$$u_{pureza} = \frac{0.15\%}{\sqrt{3}} = 0.087\%$$

La incertidumbre de la masa de KIO_3 tiene dos componentes principales: repetibilidad y redondeo de la lectura digital (resolución). Como se mencionó, la incertidumbre debida a la calibración, la deriva y la no linealidad de la balanza en este caso se puede considerar insignificante. El componente de repetibilidad se da como la incertidumbre estándar, la incertidumbre debida al redondeo de la lectura digital se toma en cuenta aquí como la mitad del último dígito de la lectura ($\pm 0.000005\ g$), asumiendo una distribución rectangular se convierte en incertidumbre estándar:

$$u_{resol} = \frac{0.000005\ g}{\sqrt{3}} = 3 \cdot 10^{-6} g$$

En total, la incertidumbre estándar de la masa es:

$$u_{masa} = \sqrt{(0.00021\ g)^2 + (3 \cdot 10^{-6}\ g)^2} = 0.0002\ g$$

La incertidumbre del volumen de la solución ($u_{volumen}$) tiene tres fuentes principales de incertidumbre: calibración del matraz, llenado del matraz e incertidumbre debido al efecto de la temperatura. El matraz utilizado no fue calibrado en el laboratorio, por lo que debemos utilizar los datos proporcionados por el fabricante. Como se puede ver en la imagen, la incertidumbre de calibración del matraz es de $\pm 0.1\ mL$ y la calibración se realizó a $20°C$. La incertidumbre estándar de calibración se obtiene (asumiendo nuevamente una distribución rectangular) dividiendo la incertidumbre de calibración dada en el matraz por la raíz cuadrada de tres:

$$u_{cal} = \frac{0.1\ mL}{\sqrt{3}} = 0.06\ mL$$

La incertidumbre del llenado del matraz se contabiliza como $\pm$ volumen de una gota (normalmente se supone $0.03\ mL$ para el volumen de una gota), lo que da una incertidumbre estándar de:

$$u_{llenado} = \frac{0.03}{\sqrt{3}} = 0.02\ mL$$

Tanto la habitación como el agua utilizada para preparar la solución estaban a una temperatura de $(20 \pm 3)°C$, por lo que la incertidumbre estándar del volumen causada por el efecto de la temperatura se calcula según la ecuación:

$$u_{vol.temp} = \frac{V_p \cdot \Delta t \cdot \gamma_w}{\sqrt{3}} = \frac{100\, mL \cdot 3°C \cdot 2.1 \cdot 10^{-4}\, °C^{-1}}{\sqrt{3}} = 0.036\, mL$$

Combinando todos estos componentes de incertidumbre obtenemos:

$$u_{volumen} = \sqrt{u_{cal}^2 + u_{llenado}^2 + u_{vol.temp}^2} = \sqrt{(0.06)^2 + (0.02)^2 + (0.036)^2} = 0.07\, mL$$

La concentración de la solución se puede encontrar como:

$$c(KIO_3) = \frac{0.21500\, g}{0.100\, L} \cdot 0.9985 = 2.1468\, g/L$$

Por lo tanto, la incertidumbre estándar combinada absoluta se obtiene:

$$u\big(c(KIO_3)\big) = (2.1468) \cdot \sqrt{\left(\frac{0.0002\, g}{0.21500\, g}\right)^2 + \left(\frac{0.07\, mL}{100\, mL}\right)^2 + \left(\frac{0.087\%}{99.85\%}\right)^2} = 0.0031\, g/L$$

Finalmente, el resultado junto con su incertidumbre expandida $k = 2$, a un 95% con distribución normal, es de:

$$c(KIO_3) = (2.1468 \pm 0.0062) g/L;\ k = 2, normal$$

A.1.1.3. Determinación de la incertidumbre de medición de nitratos en pepinos, mediante el método Kragten.

Problema.

Un analista determinó la concentración de nitrato en pepinos mediante potenciometría con electrodo selectivo de iones (ISE). Preparó soluciones de calibración a partir de una sustancia estándar de alta pureza (la incertidumbre debida a la pureza puede asumirse como insignificante) (KNO_3) y una solución acondicionadora (solución de Na_2SO_4 al 1%), que se utilizó para llenar el matraz hasta la marca, y realizó la calibración del electrodo. Las lecturas de concentración y fuerza electromotriz (FEM) de las soluciones de calibración fueron las siguientes:

$C_{NO_3^-}$ (mol/L)	E (mV)
0.1	179
0.01	237
0.001	295
0.0001	351

El gráfico de calibración se prepara como E vs $\log(C)$ (el uso del logaritmo de concentración es común en potenciometría). La ecuación de calibración formal es:

$$E = E_0 + b_1 \cdot \log(C)$$

Las incertidumbres estándar de la pendiente b_1 y la intersección E_0 del gráfico de calibración se pueden suponer iguales a sus desviaciones estándar.

La muestra de pepino se homogeneizó cuidadosamente, la suspensión resultante se transfirió a un matraz volumétrico $V_{balón} = 100\ mL$, que se pesó antes y después de la transferencia. La incertidumbre del volumen del matraz volumétrico (teniendo en cuenta todas las fuentes de incertidumbre) es de $\pm 0.05\ mL$. A partir de la diferencia de masa, la masa de la muestra se determinó como $m_{muestra} = 9.167\ g$. La incertidumbre estándar de esta masa (teniendo en cuenta todas las fuentes de incertidumbre) se puede estimar en $0.002\ g$. El matraz volumétrico se llenó hasta la marca con la solución de acondicionamiento. Se espera que parte del nitrato se pierda durante el proceso, lo que se tiene en cuenta mediante la corrección de recuperación. La recuperación en este caso se puede estimar como $R = 0.95$ con una incertidumbre estándar de 0.05.

La solución de muestra se midió con el mismo sistema de medición que las soluciones de calibración y se obtuvo la lectura $E_{muestra} = 341\ mV$ para la solución de muestra. Su incertidumbre se puede estimar como $\pm 2\ mV$, que cubre todas las fuentes de incertidumbre, excepto la interferencia de los iones cloruro. Los iones cloruro son la principal interferencia cuando se mide nitrato con un electrodo selectivo de iones. El contenido de cloruro en la muestra no se mide, pero se estima como $C_{Cl.muestra} = (40 \pm 30)\ mg/100g$. Esta es una estimación muy aproximada, que se espera que cubra los posibles contenidos de cloruro en casi todas las verduras. El coeficiente de selectividad del electrodo con respecto al cloruro es $K_{sel,Cl} = (0.005 \pm 0.003)$. El valor del coeficiente de selectividad 0.005 significa que el electrodo es 200 veces más sensible al nitrato que al cloruro.

La FEM de la solución de muestra depende de las concentraciones de iones nitrato y cloruro en la solución de muestra de la siguiente manera:

$$C_{NO_3,solución} = 10^{\frac{E_{muestra}-E_0}{b_1}} - K_{sel,Cl^-} \cdot C_{Cl,solución}$$

Tenga en cuenta que $C_{NO_3,solución}$ es solo la concentración de iones de nitrato (expresada en mol/L) en la solución de muestra. Para obtener el contenido de nitrato en la muestra (expresado como $mg/100\ g$), se necesitan cálculos adicionales, teniendo en cuenta la masa de la muestra, el volumen del matraz volumétrico y la masa molar de NO_3^- ($62.01\ g/mol$), así como la recuperación R. Además, $C_{Cl,solución}$ debe encontrarse a partir de $C_{Cl,muestra}$ utilizando la masa de la muestra, el volumen del matraz volumétrico y la masa molar de Cl^- ($35.45\ g/mol$). La incertidumbre de las masas molares es insignificante. La recuperación de extracción de cloruro puede considerarse 1.

Con base en estos datos, encuentre el contenido de nitrato en el pepino expresado en $mg/100\ g$, así como su incertidumbre expandida $k = 2$.

Solución.

El problema a trabajar conlleva al uso de un modelo de medición muy complejo y difícil de calcular. Es por ello que, en este ejercicio el método Kragten (aproximación numérica de la derivación parcial) es muy útil para obtener la incertidumbre combinada. Sin necesidad de realizar cálculos complejos, el método de Kragten implica trabajar con incrementos de cada variable de entrada de acuerdo a su incertidumbre. Cada paso a realizar se explica a continuación:

En primer lugar, se obtienen los datos de la regresión lineal juntos con los estadísticos apropiados:

$E = b_1 \cdot log(C) + E_0$			
b_1	-51.40	122	E_0
$s(b_1)$	0.34641	0.94868	$s(E_0)$
r^2	0.999930	0.77460	S_{resid}

Posteriormente, se obtiene la cantidad de salida de acuerdo al modelo. Sin embargo, previo a ello se debe obtener el valor de $C_{Cl,solución}$, a partir del dato de cloruros en muestra dado en el enunciado del problema:

$$C_{Cl^-,solución} = \frac{C_{Cl^-,muestra} \cdot m_{muestra}}{V_{balón} \cdot PM_{Cl^-}} = \frac{40\frac{mg}{100g} \cdot 9.167g}{100\ mL \cdot 35.45\frac{g}{mol}} = 1.034 \cdot 10^{-3}\frac{mol}{L}$$

A partir del valor anterior, se calcula $C_{NO_3,solución}$, de acuerdo al modelo de medición y los datos obtenidos:

$$C_{NO_3,solución} = 10^{\frac{341-122}{-57.4}} - (0.005) \cdot (1.034 \cdot 10^{-3}) = 1.478 \cdot 10^{-4}\frac{mol}{L}$$

Finalmente, el valor de $C_{NO_3,muestra}$ deseado se calcula a partir de: la concentración obtenida en la solución, el balón de aforo, la recuperación de la extracción, la masa de la muestra y el peso molecular del ion nitrato.

$$C_{NO_3,muestra} = \frac{C_{NO_3,solución} \cdot PM_{NO_3} \cdot V_{balón}}{m_{muestra}}$$

$$C_{NO_3,muestra} = \frac{1.478 \cdot 10^{-4}\frac{mol}{L} \cdot 62.01\frac{g}{mol} \cdot 100\ mL}{9.167\ g} = 0.1053\frac{mg}{g} \rightarrow 10.53\frac{mg}{100g}$$

Una vez obtenidos los valores deseados, se procede a obtener la incertidumbre combinada del resultado de medición, y para ello se expresa todas las variables de entrada junto con sus incertidumbres estándar, calculadas a partir de los datos del enunciado del problema, considerando lo siguiente:

a) El valor de la masa de muestra, al tratarse de una diferencia de pesos, se debe tomar en cuenta como la raíz de la suma cuadrática de la incertidumbre de cada operación de pesaje.

b) Los componentes de FEM de la muestra, volumen, concentración de cloruros y coeficiente de selectividad de cloruros, se toman en cuenta como distribuciones rectangulares y se dividen por raíz cuadrada de tres.

c) La incertidumbre de la recuperación y los parámetros de regresión, ya se encuentran como incertidumbres estándar.

Cantidad	Valor	Incert.	u	Unidad
$m_{muestra}$	9.167	0.002	0.002828	mg/L
$E_{muestra}$	341	2	1.154701	mV
$V_{balón}$	100	0.05	0.028868	mL
$C_{Cl.muestra}$	40	30	17.320508	$mg/100g$
K_{sel,Cl^-}	0.005	0.003	0.001732	-
R	0.95	0.05	0.05	-
b_1	-57.4	0.34641	0.34641	$mV/\log(C)$
E_0	122	0.94868	0.94868	mV

Para la correcta aplicación del método Kragten, es necesario elaborar una tabla de doble entrada en la cual las filas y columnas representen a las cantidades de entrada en el orden de la tabla anterior. La diagonal de la tabla (donde coincide cada cantidad de entrada) corresponde al valor del parámetro de entrada sumado la incertidumbre estándar respectiva, mientras que el resto de celdas corresponden únicamente al valor de la cantidad de entrada sin modificaciones.

	$m_{muestra}$	$E_{muestra}$	$V_{balón}$	$C_{Cl.muestra}$	K_{sel,Cl^-}	R	b_1	E_0
$m_{muestra}$	9.1698	9.167	9.167	9.167	9.167	9.167	9.167	9.167
$E_{muestra}$	341	342.1547	341	341	341	341	341	341
$V_{balón}$	100	100	100.03	100	100	100	100	100
$C_{Cl.muestra}$	40	40	40	57.3205	40	40	40	40
K_{sel,Cl^-}	0.005	0.005	0.005	0.005	0.007	0.005	0.005	0.005
R	0.95	0.95	0.95	0.95	0.95	1.00	0.95	0.95
b_1	-57.4	-57.4	-57.4	-57.4	-57.4	-57.4	-57.05	-57.4
E_0	122	122	122	122	122	122	122	122.949

Una vez desarrollada la tabla de doble entrada, se realiza el modelo con los datos de cada columna, con el fin de obtener las variaciones de la cantidad de salida respecto a cada variación del valor de entrada por individual. Dada la complejidad del modelo de medición, a continuación, se presentan los cálculos de manera secuencial.

$10^{\frac{E_{muesta}-E_0}{b_1}}$	0.000153	0.000146	0.000153	0.000153	0.000153	0.000153	0.000145	0.000159
$C_{Cl,sol}$	0.001035	0.001034	0.001034	0.001482	0.001034	0.001034	0.001034	0.001034
$K_{sel,Cl^-} \cdot C_{Cl^-,sol}$	$5.17\cdot10^{-6}$	$5.17\cdot10^{-6}$	$5.17\cdot10^{-6}$	$7.41\cdot10^{-6}$	$6.96\cdot10^{-6}$	$5.17\cdot10^{-6}$	$5.17\cdot10^{-6}$	$5.17\cdot10^{-6}$
$C_{NO_3,solución}$	0.0001478	0.0001409	0.0001478	0.0001456	0.0001460	0.0001478	0.0001399	0.0001538
$C_{NO_3,muestra}$	10.5239	10.0341	10.5303	10.3678	10.3997	10.0009	9.9613	10.9499

Luego, las concentraciones ($C_{NO_3,muestra}$) calculadas en cada columna se deben restar con la concentración calculada directamente del modelo. Se obtiene la suma cuadrática de las diferencias, y a partir de ello se puede obtener la incertidumbre combinada. Para esclarecer la explicación se presentan los cálculos a continuación:

$C_{col} - C_{mod}$	-0.0017	-0.4915	0.0047	-0.1578	-0.1259	-0.5247	-0.5642	0.4243
$(C_{col} - C_{mod})^2$	$2.8\cdot10^{-6}$	0.241553	$22.4\cdot10^{-6}$	0.024897	0.015849	0.275274	0.318375	0.180058
$\sum(C_{col} - C_{mod})^2$	1.056031							

Finalmente, el valor de incertidumbre combinada se obtiene como la raíz de la suma cuadrática:

$$u_c(C_{NO_3}) = \sqrt{\Sigma(C_{col} - C_{mod})^2} = \sqrt{1.056031} = 1.028\, mg/100g$$

El contenido de nitrato en el pepino expresado en $mg/100\,g$, así como su incertidumbre expandida $k = 2$ es:

$$C_{NO_3} = (10.53 \pm 1.03) mg/100g;\ k = 2, normal$$

A.1.2. Enfoque Nordtest, ejemplos.

A.1.2.1. Determinación de la incertidumbre de medición en el análisis de fosfatos en agua, usando un material de referencia.

En el siguiente problema se utilizan modelos de cálculo procedentes de los apartados 10.2.1.1. y 10.3.1.1.

Problema.

Para la determinación de fósforo de fosfatos ($P - PO_4^{3-}$) en muestras de agua marina, se utilizó un material de referencia (con matriz igual) analizado de la misma forma que las muestras en 30 lotes diferentes a lo largo de un periodo de tres meses, obteniéndose los siguientes resultados:

Lote	Resultado $P - PO_4^{3-}, \mu mol/L$	Lote	Resultado $P - PO_4^{3-}, \mu mol/L$	Lote	Resultado $P - PO_4^{3-}, \mu mol/L$
1	2.16	**11**	2.26	**21**	2.36
2	2.40	**12**	2.58	**22**	2.37
3	2.31	**13**	2.23	**23**	2.36
4	2.33	**14**	2.47	**24**	2.30
5	2.36	**15**	2.37	**25**	2.50
6	2.27	**16**	2.39	**26**	2.17
7	2.37	**17**	2.30	**27**	2.43
8	2.27	**18**	2.26	**28**	2.35
9	2.27	**19**	2.42	**29**	2.16
10	2.10	**20**	2.67	**30**	2.30

El material de referencia procede de una prueba interlaboratorio en el cual el valor se certifica como: $C_{ref}(P - PO_4^{3-}) = (2.43 \pm 0.41)\ \mu mol/L$, la incertidumbre surge de un intervalo de confianza de tres desviaciones estándar.

A partir de estos datos, calcular el porcentaje de incertidumbre relativa expandida con $k = 2$, para el método al nivel indicado.

Solución.

Según los datos del problema, es necesario considerar que, los componentes de incertidumbre sistemático y aleatorio se pueden extraer de los valores analizados a "largo plazo". En primer lugar, es importante definir el modo de cálculo de la incertidumbre que, para este problema se considera en forma relativa (no necesariamente por el nivel de concentración).

Dado que se trata de un análisis de un material de referencia de matriz, analizado de la misma forma que las muestras y durante un largo periodo de tiempo, es posible considerar adecuado tomar la desviación estándar de los datos como s_{R_w}, siendo éste el componente aleatorio.

$$s_{R_w} = 0.122\ \mu mol/L = u_{R_w}$$

A fin de obtener la incertidumbre $u_{R_w,rel}$, es necesario dividirlo para el promedio de los valores obtenidos. Cabe mencionar que, no es adecuado utilizar el valor asignado del material de referencia debido a que este no toma en cuenta la aleatoriedad del resultado.

$$\bar{C} = 2.336\ \mu mol/L$$

$$u_{R_w,rel} = \frac{0.122}{2.336} = 0.0521 \rightarrow 5.21\%$$

A partir de este punto, obtenemos el componente del sesgo de acuerdo a las siguientes consideraciones:

a) Dado que es un solo material de referencia, la diferencia entre el valor medido y el valor asignado es el sesgo.
b) La desviación estándar de las medidas repetidas del valor de referencia es s_{sesgo}.
c) La incertidumbre del valor de referencia es $u_{C_{ref}}$ calculado del intervalo de confianza del interlaboratorio.

De acuerdo a lo mencionado se obtiene:

$$u_{C_{ref}} = \frac{0.41}{3} = 0.137\ \mu mol/L$$

Para convertirlo a relativa, se utiliza el valor asignado ya que ahora consideramos el componente sistemático:

$$u_{C_{ref},rel} = \frac{0.137}{2.43} = 0.0562 \rightarrow 5.62\%$$

El valor del $sesgo$ se calcula por diferencia del promedio de las mediciones y el valor asignado. Por otro lado, s_{sesgo} es la desviación estándar de las medidas repetidas del material de referencia, valor que coincide exactamente con s_{R_w} , por tanto, considerando magnitudes relativas, se obtiene el coeficiente de variación del sesgo:

$$sesgo_{rel} = \frac{\bar{C} - C_{ref}}{C_{ref}} = \frac{2.336 - 2.43}{2.43} = -0.0387 \rightarrow -3.87\%$$

$$\frac{s_{sesgo}}{\bar{C}} = CV_{sesgo} = u_{R_w,rel} = 0.0521 \rightarrow 5.21\%$$

Finalmente, el componente de incertidumbre sistemático se da como:

$$u_{sesgo,rel} = \sqrt{sesgo_{rel}^2 + \left(\frac{CV_{sesgo}}{\sqrt{n}}\right)^2 + u_{C_{ref},rel}^2} = \sqrt{(-0.0387)^2 + \left(\frac{0.0521}{\sqrt{30}}\right)^2 + (0.0562)^2}$$

$$= 0.0689 \rightarrow 6.89\%$$

La incertidumbre combinada relativa se calcula de acuerdo a:

$$u_{c,rel} = \sqrt{u_{R_w,rel}^2 + u_{sesgo,rel}^2} = \sqrt{(0.0521)^2 + (0.0689)^2} = 0.0864 \rightarrow 8.64\%$$

La incertidumbre expandida $k = 2$ resulta de la siguiente forma:

$$U_{rel} = 2 \cdot 0.0864 = 0.1728 \rightarrow 17.3\%$$

A.1.2.3. Determinación de la incertidumbre de medición en el análisis de fósforo total en agua, basado en datos de pruebas de interlaboratorio (PT).

En el siguiente problema se utilizan modelos de cálculo procedentes de los apartados 10.2.1.1. y 10.3.1.2.

Problema.

El contenido de fósforo total en muestra de agua marina se determina rutinariamente. Para el control de calidad interno, el laboratorio participa regularmente en pruebas interlaboratorio. En el periodo desde 07-2003 hasta 04-2004, los resultados se listan en la siguiente tabla:

Prueba	C_{asig} $\mu mol/L$	$\overline{C}$ $\mu mol/L$	D_i $\mu mol/L$	$D_{i,rel}$ %	$s_{R,i,rel}$ %	$n_{p,i}$	$u_{C_{ref},i,rel}$ %
1	14.080	14.253	0.173	1.23	3.1	28	0.73
2	6.250	6.752	0.502	8.03	4.8	28	1.13
3	2.820	2.582	-0.238	-8.44	7.6	28	1.80
4	5.243	5.414	0.171	3.26	5.3	35	1.12
5	3.600	3.780	0.180	5.00	6.9	35	1.46
6	1.838	1.913	0.075	4.08	8.4	35	1.77
C_{asig}	Valor asignado de la muestra de intercomparación.						
$\overline{C}$	Valor medio de los resultados de las pruebas de laboratorio.						
D_i	Diferencia entre el valor medio $\overline{C}$ y el valor asignado C_{asig}.						
$D_{i,rel}$	Diferencia relativa como porcentaje.						
$s_{R,i,rel}$	Desviación estándar de la reproducibilidad de la comparación interlaboratorio para la muestra.						
$n_{p,i}$	Número de laboratorios participantes.						
$u_{C_{ref},i,rel}$	Incertidumbre relativa del valor asignado de la muestra interlaboratorio.						

La incertidumbre relativa obtenida se calculó sabiendo que s_R se trata de una desviación estándar robusta. Por otro lado, la carta de control del análisis (que incluye 20 lotes) de un material de referencia de matriz, brinda los siguientes resultados:

Valor medio de los 20 lotes: $\bar{c} = 8.03\ mg/L$

Desviación estándar: $s = 0.352\ mg/L$

Con la información anterior, calcular la incertidumbre relativa expandida con $k = 2$.

Solución.

Dado que los resultados están muy por encima del límite de cuantificación, la incertidumbre puede ser expresada como valor relativo. El componente de incertidumbre relativa para la reproducibilidad intralaboratorio, se calcula como el coeficiente de variación del análisis de la muestra control usada en la carta de control.

$$CV = u_{R_w,rel} = \frac{0.352}{8.03} = 0.0438 \rightarrow 4.38\%$$

Ahora, para la determinación del componente del sesgo tomamos en cuenta las diferencias relativas obtenidas en cada intercomparación, junto con el número de laboratorios participantes.

$$RMS_{D,rel} = \sqrt{\frac{\sum D_{i,rel}^2}{n_{CIL}}} = \sqrt{\frac{0.0123^2 + 0.0803^2 + 0.0844^2 + 0.0326^2 + 0.0500^2 + 0.0408^2}{6}}$$

$$= 0.0562 \rightarrow 5.62\%$$

Para calcular la incertidumbre del material de referencia, es necesario obtenerlo de la siguiente manera:

$$\bar{u}_{C_{ref},rel} = \sqrt{\frac{\sum u_{C_{ref},i,rel}^2}{n_{CIL}}} = \sqrt{\frac{0.0073^2 + 0.0113^2 + 0.0180^2 + 0.0112^2 + 0.0146^2 + 0.0177^2}{6}}$$

$$= 0.0139 \rightarrow 1.39\%$$

El componente de incertidumbre del sesgo se obtiene mediante los dos aportes previos.

$$u_{sesgo,rel} = \sqrt{RMS_{D,rel}^2 + \bar{u}_{C_{ref},rel}^2} = \sqrt{0.0562^2 + 0.0139^2} = 0.0579 \rightarrow 5.79\%$$

Finalmente, la incertidumbre relativa combinada se obtiene como:

$$u_{c,rel} = \sqrt{u_{R_w,rel}^2 + u_{sesgo,rel}^2} = \sqrt{0.0438^2 + 0.0579^2} = 0.0725 \rightarrow 7.25\%$$

Aplicando el factor de cobertura $k = 2$, se obtiene:

$$U_{rel} = 2 \cdot 0.0725 = 0.145 \rightarrow 14.5\%$$

A.1.2.4. Estimación de la incertidumbre en la medición de herbicida en agua usando una solución estándar como control de calidad y experimentos de recuperación.

En el siguiente problema se utilizan modelos de cálculo procedentes de los apartados 10.2.1.2. y 10.3.1.2.

Problema.

El herbicida metil-triflusulfurón se determina rutinariamente en muestras de agua. Sin embargo, al ser un componente inestable no se dispone de una muestra de control de calidad que cubra todo el proceso analítico.

En su lugar se realiza la medición de un estándar de control de calidad estable en disolvente orgánico en cada lote de análisis (concentración de metil-triflusulfurón, $C_{ref} = 0{,}50\ \mu g/mL$). Se extrajeron los datos de diez lotes de análisis diferentes a lo largo de un periodo amplio de tiempo.

Lote	**Concentración $\mu g/mL$**
1	0.49
2	0.50
3	0.52
4	0.48
5	0.49
6	0.51
7	0.51
8	0.54
9	0.48
10	0.49
Media, $\bar{x}$	0.501
Desviación estándar, s	0.0191

Por otro lado, para la operación de la carta de control R se realizaron duplicados de muestras fortificadas en cada lote de análisis, y se obtuvieron los rangos relativos de cada duplicado de acuerdo a la siguiente tabla.

Lote	**$R_{i,rel}$**
1	0.1544
2	0.1689
3	0.1046
4	0.0445
5	0.1162
6	0.0303
7	0.1135
8	0.0250
9	0.0501
10	0.0255
Media, $\bar{R}_{rel}$	0.0.0833

Para la determinación de la recuperación, se analizaron muestras de agua fortificadas (concentración de metil-triflusulfurón, $C_{ref} = 0.1\ \mu g/L$) en cada lote de análisis. Los resultados de concentración de metil-triflusulfurón en las muestras reales se corrigieron utilizando la recuperación promedio.

Lote	$\%Rec_i$
1	95.1
2	84.5
3	98.3
4	86.3
5	85.4
6	92.8
7	88.0
8	83.0
9	83.8
10	95.0
Media, $\%\overline{Rec}$	89.2

Las soluciones para la fortificación se preparan en el laboratorio. La incertidumbre debida al pesaje y al material de referencia se considera insignificante. Para llegar a la concentración a añadir se utilizaron: 3 matraces volumétricos de 20 mL y 2 micropipetas de 1 mL. El fabricante brinda detalles de la máxima desviación de los volúmenes que, para los matraces es 0.2% y para las micropipetas 0.7%.

Para el control de calidad de los análisis, la instrumentación volumétrica utilizada en el laboratorio se controla mediante pesaje y se calcula el componente de incertidumbre aleatoria $u(V, rep)$ como desviación estándar. El componente de incertidumbre aleatoria para los matraces volumétricos es de 0.045% y para las micropipetas es de 0.14%.

Finalmente, la fortificación hacia la muestra se realizó utilizando una micro-jeringa, cuya máxima variación de volumen (reportada por el fabricante) es del 1%. La repetibilidad de la micro-jeringa se evaluó dispensando repetidamente agua y pesando cada valor en una balanza analítica. Las determinaciones arrojaron los siguientes resultados en gramos de líquido dispensado:

Medición	Masa, g
1	0.2496
2	0.2490
3	0.2502
4	0.2510
5	0.2498
6	0.2502
7	0.2489
8	0.2494
9	0.2504
Media, $\bar{m}$	0.2498
Desviación estándar, s	0.000686

Utilizando toda la información proporcionada, calcular la incertidumbre relativa expandida ($k = 2$) del análisis de metil-triflusulfón en agua.

Solución.

En primer lugar, ya que no se posee información adicional sobre el alcance del método, se procede a realizar los cálculos de manera relativa. Por otro lado, al no disponer de una muestra control que abarque todo el proceso analítico, nos vamos a ayudar del material de referencia y la carta de control R utilizada en el problema.

El componente de aleatoriedad se obtiene por el aporte de la desviación estándar de reproducibilidad intermedia del estándar y de la desviación estándar de repetibilidad de los duplicados.

$$s_{R_w,est,rel} = CV_{estándar} = \frac{0.0191}{0.501} = 0.0382$$

Siguiendo el enfoque ISO-11352, la desviación estándar de repetibilidad se obtiene considerando $d_2 = 1.128$ para duplicados, por tanto:

$$s_{r,rel} = \frac{\bar{R}_{rel}}{d_2} = \frac{0.0833}{1.128} = 0.0738$$

Así, el componente de aleatoriedad se obtiene como:

$$u_{R_w,rel} = \sqrt{s^2_{R_w,est,rel} + s^2_{r,rel}} = \sqrt{0.0382^2 + 0.0738^2} = 0.0831 \rightarrow 8.31\%$$

Por otro lado, a fin de determinar el componente sistemático, es necesario considerar que, las diferencias existentes entre la recuperación de cada muestra con la recuperación promedio del método corresponden al sesgo, calculado en forma de recuperación relativa de la siguiente manera.

$$rec_{i,rel} = \frac{Rec_i - \overline{Rec}}{\overline{Rec}}$$

La raíz media cuadrática se calcula en base al sesgo obtenido y el número de evaluaciones.

$$RMS_{rec,rel} = \sqrt{\frac{\sum\left(rec_{i,rel}\right)^2}{n_{rec}}}$$

$$RMS_{rec,rel} = \sqrt{\frac{(0.0661)^2 + (-0.0527)^2 + (0.102)^2 + \cdots + (-0.0605)^2 + (0.0650)^2}{10}} = 0.0591$$

$$\rightarrow 5.91\%$$

A continuación, la incertidumbre de la concentración añadida para la fortificación corresponde a un componente adicional, que se calcula de la siguiente manera:

a) El aporte de la incertidumbre del material de referencia se considera insignificante para este caso, de acuerdo a lo establecido en el problema.

$$u_{C_{ref},MRC} \approx 0$$

b) Se calcula el aporte del material volumétrico empleado para preparar la solución de fortificación, considerando los aportes sistemáticos (suponiendo distribuciones rectangulares) y los aportes aleatorios (como repetibilidades) en forma relativa.
c) Se considera 3 veces el aporte sistemático y aleatorio para los matraces volumétricos, y se considera 2 veces el aporte sistemático y aleatorio para las micropipetas.

$$u_{C_{ref},rel} = \sqrt{3 \cdot u(V,cal)^2_{matraz} + 3 \cdot u(V,rep)^2_{matraz} + 2 \cdot u(V,cal)^2_{micropipeta} + 2 \cdot u(V,cal)^2_{micropipeta}}$$

$$u_{C_{ref},rel} = \sqrt{3 \cdot \left(\frac{0.002}{\sqrt{3}}\right)^2 + 3 \cdot \left(\frac{0.045}{100}\right)^2 + 2 \cdot \left(\frac{0.007}{\sqrt{3}}\right)^2 + 2 \cdot \left(\frac{0.14}{100}\right)^2} = 0.0064 \rightarrow 0.64\%$$

Por otro lado, el aporte de la micro-jeringa se calcula con su componente sistemático (especificación del fabricante) y el experimento de repetibilidad evaluado con las 10 mediciones en balanza. Todo esto en forma relativa.

$$u(V, rep) = CV_{micro-jeringa} = \frac{s}{\bar{m}} = \frac{0.000686}{0.2498} = 0.0027$$

$$u_{V,rel} = \sqrt{u(V, tol)^2 + u(V, rep)^2} = \sqrt{\left(\frac{0.1}{100 \cdot \sqrt{3}}\right)^2 + (0.0027)^2} = 0.0064 \rightarrow 0.64\%$$

Una vez calculados los componentes se unifican en la incertidumbre de la concentración añadida.

$$u_{C_{add},rel} = \sqrt{u_{V,rel}^2 + u_{C_{ref},rel}^2} = \sqrt{(0.0064)^2 + (0.0064)^2} = 0.0091 \rightarrow 0.91\%$$

El componente sistemático se calcula de acuerdo a lo siguiente:

$$u_{sesgo,rel} = \sqrt{RMS_{rec,rel}^2 + u_{C_{add},rel}^2} = \sqrt{(0.0591)^2 + (0.0091)^2} = 0.0598 \rightarrow 5.98\%$$

Finalmente, la incertidumbre combinada relativa se obtiene como:

$$u_{c,rel} = \sqrt{u_{R_w,rel}^2 + u_{sesgo,rel}^2} = \sqrt{(0.0831)^2 + (0.0598)^2} = 0.1024 \rightarrow 10.24\%$$

La incertidumbre expandida relativa del método a este nivel de trabajo es:

$$U = 2 \cdot 10.24\% \approx 20\%$$

A2. Más sobre los interferentes.

A2.1. Acerca de modificar el procedimiento debido a posibles interferencias.

Como se observó en la ecuación del modelo de ejemplo (sección 9), el término ΔC_{dc} es tomado en cuenta por algunas fuentes de incertidumbre (posible descomposición, posible contaminación, etc.). Este término es un *término aditivo*, es decir, su influencia en $C_{N_{muestra}}$ es constante, independientemente del valor del resultado. El valor ΔC_{dc} en el ejemplo mencionado es de: $0\ mg/L$, que no quiere decir que su incertidumbre sea nula, esta se expresa en forma de incertidumbre absoluta (es decir, expresada en mg/L) correspondiente a los posibles efectos de descomposición y contaminación.

Incorporar estos términos aditivos es una posibilidad típica de modificar el modelo para tener en cuenta fuentes de incertidumbre adicionales. El término aditivo es adecuado si la incertidumbre adicional no es muy sensible a la concentración del analito (o si la concentración del analito no varía mucho).

Otra posibilidad típica es introducir un término multiplicativo (o factor multiplicativo) que aumente o disminuya el resultado de forma proporcional de acuerdo al tipo de fuente de interferencia. En el caso de dicha modificación la ecuación quedaría de la siguiente manera:

$$C_{N_{muestra}} = \frac{(A_{muestra} - b_0)}{b_1} \cdot f_d \cdot f_{dc} \qquad \text{(A.1)}$$

En el caso de ausencia de interferentes, el valor de f_{dc} sería 1 y su incertidumbre expresaría la incertidumbre relativa (es decir, sin unidades) correspondiente a los posibles efectos de la descomposición y la contaminación. Por otro lado, el término multiplicativo es adecuado si la incertidumbre adicional es aproximadamente proporcional a la concentración del analito y si esta concentración varía significativamente.

Por ejemplo, tomando el modelo de la ecuación A1 y asumiendo una incertidumbre de $u(\Delta C_{dc}) = 0.0040\ mg/L$ con un valor de $\Delta C_{dc} = 0.2105\ mg/L$ (ya que esta no podría ser cero), entonces el valor adecuado de $u(f_{dc})$ sería:

$$u(f_{dc}) = \frac{u(\Delta C_{dc})}{\Delta C_{dc}} = 0.019 \qquad \text{(A.2)}$$

A.2.2. Evaluación de la incertidumbre debido a posibles interferencias.

No existe una forma universalmente aplicable de evaluar la incertidumbre debida a una posible interferencia. El enfoque más riguroso es determinar por separado el contenido de los compuestos que interfieren en la muestra y corregir el resultado (entonces, por supuesto, se debe evaluar la incertidumbre de la corrección, siendo esto lo más fácil). Sin embargo, en la mayoría de los casos, realizar análisis separados para determinar las posibles interferencias requiere demasiado trabajo para ser práctico. El asunto se complica aún más por la limitada información que suele estar disponible sobre los interferentes, ya que normalmente no se sabe cuáles son los compuestos que causan interferencia. Por este motivo, si la interferencia no es demasiado fuerte, lo habitual es intentar tenerla en cuenta aumentando la incertidumbre de la medida[1].

Los siguientes son dos ejemplos de cómo se puede tener en cuenta la incertidumbre debida a (posibles) compuestos perturbadores en la estimación de la incertidumbre de la medición.

A.2.2.1. Obteniendo y utilizando la información de interferencia a partir de espectros.

El siguiente esquema presenta una situación en la que la interferencia está claramente presente y puede verse por la apariencia de los espectros UV-Vis:

[1] Si la interferencia es realmente fuerte para una matriz específica, entonces el procedimiento de análisis debe modificarse y revalidarse.

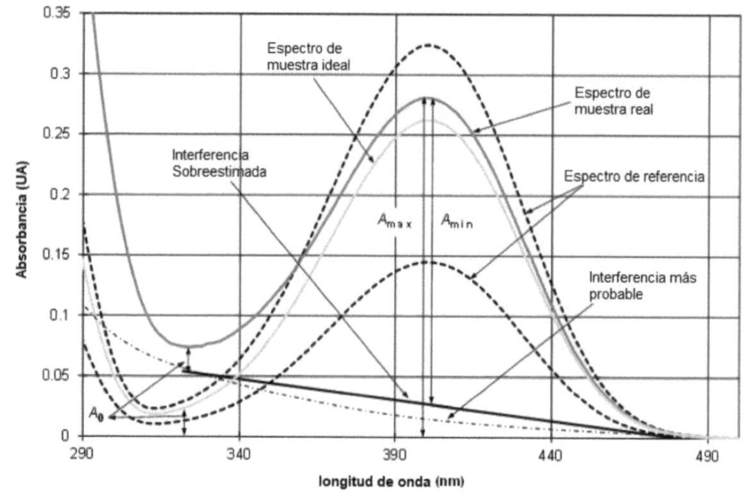

Esquema 21. Espectro de absorbancia UV-Vis de soluciones de calibración (línea entrecortada), muestra con interferencia (línea roja) y muestra ideal o teórica sin interferencias (línea verde).

Los espectros de línea entrecortada son los espectros de analitos en las soluciones de calibración (espectros de referencia) donde se puede ver la forma correcta del espectro. La línea verde corresponde al espectro "teórico" de la muestra, es decir, sin interferencias. La línea roja corresponde al espectro real (experimental) de la solución de muestra. El espectro más probable de la interferencia[2] se presenta mediante la línea de puntos y guiones. Su forma sugiere que se trata de una suma de un gran número de compuestos orgánicos diferentes, situación bastante común.

La absorbancia a 400 nm (longitud de onda del máximo de absorbancia) es la señal analítica. Del esquema se desprende claramente que, cuando se mide simplemente desde el espectro "rojo" (A_{max}), se produce una absorbancia sobreestimada. Utilizar el espectro "verde" o el espectro de la interferencia es imposible, porque ninguno de los dos está disponible.

En esta situación se puede intentar estimar los valores de absorbancia máxima y mínima probables (A) del analito, correspondientes a la interferencia mínima y máxima

[2] Aproximadamente esta forma del espectro se suele observar si está presente un gran número de compuestos diferentes, cada uno de ellos a un nivel muy bajo. Además, la forma en que se distorsiona el espectro del analito en la muestra implica exactamente la forma del espectro interferente.

probable, respectivamente. Una buena estimación de la absorbancia máxima es A_{max} (corresponde a la situación poco probable de que no haya interferencia a 400 nm y todo el A se deba al analito). Para estimar la absorbancia mínima asumimos una relación lineal entre el efecto de interferencia y la longitud de onda presentada por la línea de color negro denominada **"Interferencia sobreestimada"**. Se dice sobreestimada dado que la absorbancia a 400 nm es mayor que la **"interferencia probable"**. Esta línea se define de la siguiente manera: Se fija en cero a 480 nm (donde está claro que no hay interferencias en esa longitud de onda). A una longitud de onda de 322 nm, la línea se fija de tal manera que la diferencia A con respecto al espectro con interferencia es la misma que la diferencia del espectro estimado sin interferencia desde cero a 322 nm (ambos indicados como A_0 en el esquema 21).

A partir de los valores de A_{min} y A_{max}, la absorbancia corregida (que se utilizará para calcular el resultado), así como su componente de incertidumbre debido a la interferencia, se pueden encontrar de la siguiente manera:

$$A_{corregida} = \frac{A_{min}+A_{max}}{2} \quad \text{(A.3)}$$

$$u(A_{corrg,interf}) = \frac{A_{max}-A_{min}}{2\cdot\sqrt{3}} \quad \text{(A.4)}$$

Este enfoque es aproximado pero su ventaja es que puede utilizarse en el caso de interferencias desconocidas.

A.2.2.2. Utilizando datos de interferencia de estudios anteriores.

Si la validación incluyó estudios de interferencia y la interferencia se describió cuantitativamente, entonces estos datos se pueden utilizar para corregir el resultado y obtener la estimación de la incertidumbre debido a una posible interferencia. Como ejemplo: veamos los datos de selectividad en el método estándar ISO 7150:1984 de determinación espectrofotométrica de nitrógeno amoniacal. La siguiente tabla presenta los datos sobre la influencia de interferencias seleccionadas.

Tabla 8. Influencia de interferentes seleccionados en la determinación de nitrógeno amoniacal según ISO 7150:1984.

Interferente, B	$C_B\ (\frac{mg}{l})$	**Influencia de B en C_N $\left(\frac{mg}{l}\right)$ a los siguientes valores de concentración de nitrógeno amoniacal $(\frac{mg}{l})$:**		
		0	0.2	0.5
Cl^-	1000	+0.002	+0.013	+0.033
CN^-	5	+0.002	+0.019	+0.016
PO_4^{3-}	100	0	−0.001	−0.015
$Etanolamina$	1	+0.16	+0.11	-

Se tiene como ejemplo la interferencia del cloruro. Si se supone que la muestra puede contener cloruro y su contenido ciertamente está por debajo de $800\ mg/l$ y hemos encontrado C_N en la muestra alrededor de $0.2\ mg/L$. En ese caso la interferencia máxima sería $\frac{+0.013 \cdot 800}{1000} = 0.0104\ mg/L$. Si no conocemos la cantidad de cloruro en la muestra y si determinarla por separado no sería práctico, entonces podemos suponer que el contenido de cloruro es $(400 \pm 400)\ mg/l$. Este rango de incertidumbre abarca todo el intervalo de concentración de 0 a $800\ mg/l$. La interferencia correspondiente a este contenido de cloruro sería de $+0.0052\ mg/l$ y se puede utilizar para corregir el valor de C_N obtenido (restándolo de C_N). Su incertidumbre estándar, si se supone una distribución rectangular, es $\frac{0.0052}{\sqrt{3}} = 0.0030\ mg/l$. esta incertidumbre debe incluirse adicionalmente en el presupuesto de incertidumbre.

A.2.2.3. Usando datos de interferencia a través de la ecuación del modelo.

A veces, el modelo de medición se puede utilizar directamente para tener en cuenta las interferencias, por ejemplo, ver A.2.2.2.

A2. Resumen de fórmulas.

Ec.	Fórmula	Descripción
1.1	$U_{rel} = \frac{U_{abs}}{y}$	Incertidumbre relativa de medición de alguna magnitud y, en forma general.
3.1	$f(y) = \frac{1}{s\sqrt{2\pi}} e^{-\frac{(y-y_m)^2}{2s^2}}$	Función de distribución normal de una magnitud y, con media y_m y desviación s.
3.2	$V_m = \frac{V_1 + V_2 + \cdots + V_n}{n} = \frac{\sum_{i=1}^{n} V_i}{n}$	Valor promedio de una magnitud (volumen).
3.3	$s(V_m) = \sqrt{\frac{\sum_{i=1}^{n}(V_i - V_m)^2}{n-1}}$	Desviación estándar de una magnitud (volumen).
3.4	$u_{rel}(V) = \frac{u(V)}{V}$	Incertidumbre estándar relativa de una magnitud (volumen).
3.5	$s(V_m) = \frac{s(V)}{\sqrt{n}}$	Desviación estándar de la media de una magnitud (volumen).
3.6	$u(x) = \frac{a}{\sqrt{3}}$	Incertidumbre estándar de una distribución rectangular de rango máximo ($\pm a$).
3.7	$u(x) = \frac{a}{\sqrt{6}}$	Incertidumbre estándar de una distribución triangular de rango máximo ($\pm a$).
4.1	$C_S = \frac{V_T \cdot C_T}{V_S}$	Concentración de analito en un volumen de muestra, en función de la concentración y volumen de titulante en relación molar 1:1.
4.2	$U(V) = u_c(V) \cdot k$	Incertidumbre estándar expandida con factor de cobertura k.
6.1	$s_{agrupada} = \sqrt{\frac{(n_1-1){s_1}^2 + (n_2-1){s_2}^2 + \cdots + (n_k-1){s_k}^2}{n_1 + n_2 + \cdots + n_k - k}}$	Desviación estándar agrupada de k grupos de muestras, con distinta cantidad de muestras por grupo.

6.2	$s_{agrupada} = \sqrt{\frac{{s_1}^2 + {s_2}^2 + \cdots + {s_k}^2}{k}}$	Desviación estándar agrupada de k grupos de muestras, con la misma cantidad de muestras por grupo.
9.1	$Y = F(X_1, X_2, \ldots X_n)$	Magnitud de salida Y, como función multivariable de las magnitudes de entrada $X_1, X_2, \ldots, X_n$.
9.2	$u_c(y) = \sqrt{\sum_{i=1}^{n} u_i^2} = \sqrt{\sum_{i=1}^{n} \left[\frac{\partial Y}{\partial X_i} u(x_i)\right]^2}$	Incertidumbre estándar combinada de la magnitud de salida y, para magnitudes de entrada x_i no correlacionadas. (Modelo ISO-GUM)
9.3	$u_c(y) = \sqrt{\sum_{i=1}^{n} \left[\frac{\partial Y}{\partial X_i} u(x_i)\right]^2 + \left[2 \sum_{i=1}^{n-1} \sum_{k=i+1}^{n} \frac{\partial Y}{\partial X_i} \cdot \frac{\partial Y}{\partial X_k} u(x_i) u(x_k) r_{ik}\right]}$	Incertidumbre estándar combinada de la magnitud de salida y, para magnitudes de entrada x, correlacionadas. (Modelo ISO-GUM)
9.4	$Y = X_1 - X_2 + \cdots + X_n$	Modelo de medición sumativo.
9.5	$u_c(y) = \sqrt{u(x_1)^2 + u(x_2)^2 + \cdots + u(x_n)^2}$	Incertidumbre estándar combinada para el modelo de medición sumativo.
9.6	$Y = \frac{X_1 \cdot X_2}{X_3 \cdot X_4}$	Modelo de medición multiplicativo.
9.7	$\frac{u_c(y)}{y} = \sqrt{(\frac{u(x_1)}{x_1})^2 + (\frac{u(x_2)}{x_2})^2 + (\frac{u(x_3)}{x_3})^2 + (\frac{u(x_4)}{x_4})^2}$	Incertidumbre estándar combinada relativa del modelo de medición multiplicativo.
9.8	$u_c(y) = y \cdot \sqrt{(\frac{u(x_1)}{x_1})^2 + (\frac{u(x_2)}{x_2})^2 + (\frac{u(x_3)}{x_3})^2 + (\frac{u(x_4)}{x_4})^2}$	Incertidumbre estándar combinada absoluta del modelo de medición multiplicativo.
9.9	$y = b_0 + b_1 \cdot C$	Modelo de medición por regresión lineal (mínimos cuadrados).

9.10	$$C_{int} = \frac{y - b_0}{b_1}$$	Concentración o valor interpolado del modelo de regresión lineal.
9.11	$$u(C_{int}) = \frac{S_{resid}}{b_1} \cdot \sqrt{\frac{1}{p} + \frac{1}{n} + \frac{(C_{int} - \bar{x})^2}{S_{xx}}}$$	Incertidumbre estándar combinada para la concentración o valor interpolado del modelo de regresión lineal.
9.12	$$u(C)^2 = u(C_{inter})^2 + \frac{u(Equipo)^2}{b_1^2}$$	Incertidumbre estándar combinada para la concentración o valor interpolado del modelo de regresión lineal, considerando el aporte de incertidumbre por el equipo o instrumento de medición.
9.13	$$gl_{ef} = \frac{u_c(y)^4}{\sum_{i=1}^{N} \frac{\left(\frac{\partial Y}{\partial X_i} u(x_i)\right)^4}{gl_i}}$$	Grados de libertad efectivos de una magnitud de salida y calculados mediante el método de *Welch-Satterthwaite*.
9.14	$$\acute{I}ndice(x_i) = \frac{\left(\frac{\partial Y}{\partial X_i} u(x_i)\right)^2}{u_c(y)^2}$$	Índice de contribución de cada magnitud de entrada x_i , en la incertidumbre estándar combinada de la magnitud de salida y.
10.1	$$u_c = \sqrt{{u_{R_w}}^2 + u_{sesgo}^2}$$	Incertidumbre estándar combinada para un procedimiento de medición, según el enfoque Nordtest.
10.2	$$u_{R_w} = s_{R_w}$$	Incertidumbre de reproducibilidad dentro del laboratorio para el caso de muestras control que abarquen todo el proceso analítico.
10.3	$$u_{R_w} = s_{objetivo}$$	Incertidumbre de reproducibilidad dentro del laboratorio para el caso de límites de control establecidos.
10.4	$$u_{R_w} = \sqrt{{s_{R_w}}^2 + {s_r}^2}$$	Incertidumbre de reproducibilidad dentro del laboratorio para el caso de muestras control y réplicas de muestras de rutina.
10.5	$$s_r = s_{agrupada} = \sqrt{s_1^2 + s_2^2 + \cdots + s_n^2}$$	Componente de repetibilidad de acuerdo al enfoque Nordtest.

10.6	$s_r = \frac{\bar{R}}{d_2}$	Componente de repetibilidad de acuerdo al enfoque ISO-11352.
10.7	$u_{R_w} = \sqrt{s_r{}^2 + s_{r,lot}{}^2}$	Incertidumbre de reproducibilidad dentro del laboratorio para el caso de muestras de control inestables.
10.8	$sesgo_i = \overline{C_{lab\,i}} - C_{ref\,i}$	Sesgo i-ésimo del promedio de valores obtenidos en el laboratorio y el valor del i-ésimo material de referencia usado.
10.9	$RMS_{sesgo} = \sqrt{\frac{\sum_{i=1}^{n}(sesgo_i)^2}{n}}$	Raíz de la media cuadrática de los n sesgos obtenidos.
10.10	$\bar{u}_{C_{ref}} = \sqrt{\frac{\sum_{i=1}^{n} u_{C_{ref},i}{}^2}{n}}$	Incertidumbre estándar promedio de los materiales de referencia utilizados.
10.11	$u_{sesgo} = \sqrt{RMS_{sesgo}^2 + \bar{u}_{C_{ref}}^2}$	Incertidumbre estándar del sesgo, en el caso de análisis con materiales de referencia adecuados (MRC)
10.12	$u_{sesgo} = \sqrt{(sesgo)^2 + \frac{s_{sesgo}^2}{n} + u_{C_{ref}}^2}$	Incertidumbre estándar del sesgo en el caso de análisis repetidos con un solo material de referencia.
10.13	$D_i = \overline{C_{lab\,i}} - C_{asignado\,i}$	Diferencia i-ésima del promedio de valores obtenidos en el laboratorio y el valor asignado de la i-ésima intercomparación o PT.
10.14	$RMS_D = \sqrt{\frac{\sum_{i=1}^{n}(D_i)^2}{n_{CIL}}}$	Raíz de la media cuadrática de las n_{CIL} diferencias obtenidas.
10.15	$\bar{u}(C_{ref}) = \sqrt{\frac{\sum_{i=1}^{n} u(C_{ref\,i})^2}{n_{CIL}}}$	Incertidumbre estándar promedio de los materiales de referencia utilizados en la i-ésima intercomparación o PT.
10.16	$u_{C_{ref},i} = \frac{S_{R,i}}{\sqrt{n_{p,i}}}$	Incertidumbre estándar del i-ésimo material de referencia procedente de intercomparación o PT cuyo S_R fue calculado por consenso de n_p participantes.

10.17	$u(C_{ref})i = 1.25\frac{S_{R,i}}{\sqrt{n_{p,i}}}$	Incertidumbre estándar del i -ésimo material de referencia procedente de intercomparación o PT cuyo S_R fue calculado empleando media o mediana robusta de n_p participantes.
10.18	$u_{sesgo} = \sqrt{RMS_{recup}^2 + u_{C_{add}}^2}$	Incertidumbre estándar del sesgo en el caso de experimentos de recuperación o *spiking*.
10.19	$rec_i = Rec_i - \overline{Rec}$	Recuperación i-ésima del promedio de recuperaciones y la recuperación de la i-ésima muestra fortificada.
10.20	$RMS_{rec} = \sqrt{\frac{\sum_{i=1}^{n}(rec_i)^2}{n_{rec}}}$	Raíz de la media cuadrática de las n_{rec} recuperaciones obtenidas.
10.21	$u_{C_{add}} = \sqrt{u_V^2 + u_{C_{ref}}^2}$	Incertidumbre estándar de la concentración añadida (*spiking*) en experimentos de recuperación.
10.22	$u_c(C_A) = C_A \cdot \frac{u_{c,rel}}{100\%}$	Incertidumbre combinada obtenida de la incertidumbre combinada relativa porcentual y el valor de concentración del analito.
A.1	$C_{N_{muestra}} = \frac{(A_{muestra} - b_0)}{b_1} \cdot f_d \cdot f_{dc}$	Ejemplo de modelo de medición modificado para considerar interferencias de forma multiplicativa.
A.2	$u(f_{dc}) = \frac{u(\Delta C_{dc})}{\Delta C_{dc}}$	Incertidumbre estándar relativa de una posible interferencia de tipo multiplicativa.
A.3	$A_{corregida} = \frac{A_{min} + A_{max}}{2}$	Ejemplo de corrección de la absorbancia por posibles interferencias.
A.4	$u(A_{corrg,interf}) = \frac{A_{max} - A_{min}}{2 \cdot \sqrt{3}}$	Incertidumbre estándar de la corrección de la absorbancia por posibles interferencias.

Principales fuentes bibliográficas[1].

(1) JCGM 200:2012, International vocabulary of metrology — Basic and general concepts and associated terms (VIM), 3rd edition. BIPM, IEC, IFCC, ILAC, ISO, IUPAC, IUPAP and OIML, 2012. Disponible on-line en: http://www.bipm.org/en/publications/guides/vim.html

(2) JCGM 100:2008 Evaluation of measurement data — Guide to the expression of uncertainty in measurement. JCGM, 2008. Disponible on-line en: http://www.bipm.org/en/publications/guides/gum.html

(3) Quantifying Uncertainty in Analytical Measurement, 3rd ed.; Ellison, S. L. R.; Williams, A., Eds.; EURACHEM/CITAC, 2012. Disponible on-line en: http://eurachem.org/index.php/publications/guides

(4) Measurement Uncertainty Revisited. Eurolab Technical Report No 1/2007. Eurolab, 2007. Disponible on-line en: https://eurolab-d.de/files/measurement_uncertainty_revisited_-_alternative_approaches_to_uncertainty_evaluation.pdf

(5) Handbook for Calculation of Measurement Uncertainty in Environmental Laboratories. B. Magnusson, T. Näykki, H. Hovind, M. Krysell, E. Sahlin. Nordtest technical report 537, ed. 4.0. Nordtest, 2017. Disponible on-line en: http://www.nordtest.info/wp/2017/11/29/handbook-for-calculation-of-measurement-uncertainty-in-environmental-laboratories-nt-tr-537-edition-4/

(6) Joint Research Centre, Institute for Reference Materials and Measurements, Bulska, E., Papadakis, I., Taylor, P., et al., Analytical measurement: measurement uncertainty and statistics, Gegevičius, V. (editor), Majcen, N. (editor), Publications Office, 2013, https://data.europa.eu/doi/10.2787/58527

[1] Esta lista de referencias bibliográficas es selectiva, no exhaustiva. Las referencias fueron seleccionadas con base en los siguientes criterios: (1) Ampliamente utilizadas y citadas; (2) útil en condiciones prácticas de laboratorio (es decir, no demasiado científicas); (3) esté disponible una versión bastante reciente y (4) el documento esté disponible preferiblemente de forma gratuita en Internet. Estas referencias se mencionan en el texto mediante números en superíndice entre paréntesis, por ejemplo: VIM [(1)].

(7) ISO/IEC 11352:2012 (2012). Water quality -- Estimation of measurement uncertainty based on validation and quality control data, International Organization for Standardization/International Electrotechnical Commission (IEC), Geneva.

(8) Taylor, B. N., and C. E. Kuyatt. "Guidelines for the evaluation and expression of uncertainty in NIST measurement results technical note 1297 for NIST." MD: Gaithersburg (1994). Disponible on-line en: https://nvlpubs.nist.gov/nistpubs/Legacy/TN/nbstechnicalnote1297.pdf

MIX
Papier aus verantwortungsvollen Quellen
Paper from responsible sources
FSC® C105338

Printed by Books on Demand GmbH, Norderstedt / Germany